生态银行
研究与实践
—— 以福建南平市为例

崔莉 / 著

中国林业出版社
China Forestry Publishing House

图书在版编目(CIP)数据

生态银行研究与实践：以福建南平市为例 / 崔莉著.
-- 北京：中国林业出版社, 2019.10
ISBN 978-7-5219-0331-7

Ⅰ.①生… Ⅱ.①崔… Ⅲ.①生态经济—商业银行—研究—南平 Ⅳ.①F832.33

中国版本图书馆CIP数据核字(2019)第242627号

中国林业出版社·自然保护分社／国家公园分社

策划和责任编辑：肖　静

出版发行	中国林业出版社（100009　北京市西城区德内大街刘海胡同7号）
	http://lycb.forestry.gov.cn　电话：（010）83143577
印　刷	河北京平诚乾印刷有限公司
版　次	2019年10月第1版
印　次	2019年10月第1次
开　本	700mm×1000mm　1/16
印　张	13
字　数	288千字
定　价	80.00元

未经许可，不得以任何方式复制或抄袭本书的部分或全部内容。

版权所有　侵权必究

序

生态文明是人类社会继原始文明、农业文明、工业文明后的新型文明形态，是以资源环境承载能力为基础，以自然规律为准则，以可持续发展、人与自然和谐共生为目标的文明阶段。"绿水青山就是金山银山"理念这一科学论断是习近平生态文明思想的重要组成部分，其中，"绿水青山"是指良好的生态环境，健康优美的山水林田湖草自然综合体，"金山银山"则体现了资源环境的经济属性，二者并非对立的矛盾主体，而是人与自然、经济发展与生态环境保护之间的和谐发展的辩证关系。

对于生态资源富集的后发展地区而言，虽然自然资源丰富、生态价值丰厚，但其生态优势难以有效转化为经济优势。"绿水青山就是金山银山"理念为生态资源富集的后发展地区发展指明了方向，提供了思路。保护和经营利用不是对立的，而是可以协调的，合理的经营利用不会影响生态，现在我们已经掌握了这样的知识和技术，只有开展合理的经营利用才能更好地保护住绿水青山，使之成为金山银山。

著者在本书中提出生态银行体系定义是借鉴商业银行分散化输入和集中式输出的特征，搭建一个围绕自然资源进行管理整合、转换提升、市场化交易和可持续运营的平台，针对集体林权改革后形成的森林资源所有权分散化的现实情况，通过对碎片化生态资源的集中化收储和规模化整治，转换成集中连片优质高效的资产包，并导入产业，委托专业化、有实力的运营商运营，从而将资源转变成资产和资本。

生态银行实质上是通过对生态资源的"权"与"益"重新配置和优化利用，实现综合效益最大化，是新时代生态产品价值实现的机制创新。生态银行理论体系，是建立在国土空间管理的生产、生活、生态大数据基础上，用自然综合体的系统观点去考虑地区社会经济发展的宏观战略，确立自然综合体内各组分的体量和布局，调整修复的需求及其方向和技术，因地制宜地确立国土的总体安排，运用科学技术和市场化方式解决自然生态系统可持续经营的体系，为区域可持续发展打下良好的基础，是绿色经济变革的创新探索。

我们既要绿水青山，又要金山银山，这就是理智的选择。用科学和智慧把一切经营利用活动控制在这个弹性空间内，以确保可持续生存和发展，本书提出的生态银行体系是自然生态系统可持续经营的方案，是"绿水青山就是金山银山"转化路径的理论体系和生动实践。著者以生态资源富集的后发展地区福建省南平市为试点，通过设计生态银行交易的三个重要环节，即资源收储环节、资产提质增效环节、产业资本导入环节，依据南平市各地区自身属性，因地制宜探索出了顺昌"森林生态银行"、武夷山"五夫镇文旅生态银行"、建阳"建盏生态银行"、延平巨口乡"古厝生态银行"等多种运营模式，并取得了丰厚成果，为资本的进入切实打开了通道。

总体来说，本书在综合考虑保护与发展等成本的基础上，在生态系统保值增值的前提下，进行了自然资源产权制度改革，建立了多元化、市场化的生态补偿机制，创新了自然资源价值化实现形式，是可持续生态产品价值实现路径的积极探索，为其他资源富集后发展地区绿色经济发展提供了坚实的理论及实践基础，提供了一条可复制可推广的"南平路径"。

沈国舫　中国工程院院士
2019年于北京

前言

长期以来，我国经济增长没有将环境要素考虑进去，生态资源的不合理利用和浪费，导致生态环境被破坏、生态资本存量减少，严重影响了国家经济社会的可持续发展。党的十九大把生态文明建设提到前所未有的高度，特别是把"绿水青山就是金山银山"写入党的十九大报告和党章，成为党的重要执政理念。"绿水青山就是金山银山"理念揭示了人与自然、经济发展与环境保护之间的辩证关系和内在规律，运用生态学理论系统考虑社会经济发展的宏观战略，确立自然资源和生态系统的承载能力，综合考虑产业发展布局与开发强度，因地制宜地确立国土的总体安排，具有重大的理论价值和实践价值。因此，如何践行"绿水青山就是金山银山"这一科学论断，探索"绿水青山"转化为"金山银山"的转化机制，是生态文明建设的重要任务。

在"两山"转化过程中，需建立资源、资产、资本转化的制度安排和转化机制，但在"三资"转化中仍存在一些瓶颈。一是自然资源碎片化的问题。山水林田湖草是一个生命共同体，生态系统需要整体经营才能发挥最大的价值，但目前我国资源使用权分散，生态资源经营难以形成规模效应。"土地承包到户"的家庭联产承包制和"林权均山到户"的集体林权改革政策在调动农民积极性的同时，也带来了生产资料和生态资源碎片化问题。随着城市化进程，农村人口大量流入城市，农村土地撂荒、林地失管的现象普遍存在，导致土地、林地资源的规模效益无法充分发挥，亟需集约化生产方式去经营管理"绿水青山"这个自然综合体。二是生态资产产权交易制度尚未建立。由于缺乏确权和评估定价的机制，分布在广大农村的生态资源资产，存在产权不清、定价混乱、缺乏合规性等问题，导致资产无法在公开市场交易，社会资本参与乡村生态资源开发的动力不足，当农民失去劳动能力就没有收益，自然资源资产所有者权益缺乏变现通道。三是资本进入生态建设领域缺乏顺畅通道。由于生态资源、资产及生态建设成果缺乏评估、交易、定价等机制，生态资产交易缺乏法律保障等，导致资源所有权效应无法发挥。如何把分散化的使用权信息纳入一种制度中，将生态资产从财务、金融学的角度给予财富属性的认定，建立信用体系，从而为生态建设打造财务可持续及金融可支撑的机制，推进资源产权的市场配置和有偿使用制度，这是生态文明建设必须回答的问题。

本书在生态文明时代背景下，从"两山"转化过程遇到的瓶颈出发，探索资源—资产—资本转化路径，提出了生态银行的"两山"转化创新模式。生态银行是借鉴商业银行分散化输入和集中式输出的特征，其并非金融机构，而是一个自然资源资产运营管理平台，通过转让、租赁和托管等方式，对碎片化生态资源的集中化收储和规模化整治，转换成集中连片优质高效的资产包，并导入绿色产业，委托专业化、有实力的运营商运营，从而将资源转变成资产和资本。"生态银行"实质上是通过对生态资源的重新配置和优化利用，为资源资本化搭建起中介平台，提供了"政府主导、市场化运作"的资源资产权益整合方案，是新时代生态产品价值实现探索。

由于中国幅员辽阔，各地生态环境及经济发展的基础差别很大，进行生态文明建设的起点不同，因而需要因地制宜选择适当的绿色发展模式。对于生态资源富集后发展地区而言，基本上是自然资源富集但经济欠发达，如何破解"富有的贫穷"、探索一条新时代的可持续发展之路，发人思考。本书通过首创生态银行理论体系，构建了自然资源权益进行确权、转化、交易的可持续经营平台，解决了资源变资产成资本的问题，打通了生态产品交易的三个重要环节，即资源收储环节、资产提质增效环节、产业资本导入环节，是市场化、可持续生态产品价值实现路径，并对生态银行平台构建、交易流程、风险防控及保障措施等方面进行了详细阐述。福建省南平市就是典型的资源富集后发展地区，是生态银行在全国首个试点市，本书总结了南平市自然资源、社会经济发展特征，对南平生态系统价值进行了评估，提炼了生态银行试点实践多种模式。

本书共分为八章，第一章对生态银行提出背景与意义、研究过程和南平市情况进行了介绍；第二章介绍了生态银行平台构建与模式设计，详细阐述了生态银行的立意、框架、操作模式等。第三章分析了南平市自然资源现状及产业现状，绘制了自然资源"一张表"，总结了南平市经济转型发展的迫切需求。第四章进行了南平市生态系统服务价值核算，得出南平市生态系统服务总价值，刻画了2007年、2017年该市GDP与GEP的变化趋势。第五章介绍了生态银行技术支撑，包括自然资源大数据平台、自然资产大数据平台、生态大数据指数信用平台等。第六章介绍了南平市生态银行试点项目成果，总结了包括"森林生态银行""文旅生态银行""建盏生态银行""古厝生态银行""水生态银行"等多种运作模式。第七章、第八章分别在风险防控和保障措施方面进行了详细阐述。

  本书从"两山"转化机制遇到的问题出发，创新提出了立足政府引导和企业主导并结合实现生态产品价值市场化的"生态银行"模式，解决了自然资源收储环节、资产提质增效环节、产业资本导入环节三个的具体问题，打通了资源变资产成资本的通道，是市场化、可持续生态产品实现价值机制的探索，是践行"绿水青山就是金山银山"的实践。

  由于写作时间和水平的限制，生态银行理论架构和实践模式尚需完善，尤其是不同自然资源要素转化模式仍需进一步探索，不足之处在所难免，敬请广大读者批评指正！

著者

2019年8月

目 录

序

前 言

第一章　生态银行提出背景与实践意义 …………………………… 1

第一节　生态银行提出背景 ………………………………………… 2
　　一、生态文明时代的命题 ……………………………………… 2
　　二、绿色经济发展新战略 ……………………………………… 4
　　三、生态产品价值实现新形式 ………………………………… 5

第二节　生态银行实践意义 ………………………………………… 7
　　一、重塑融资主体 ……………………………………………… 7
　　二、促进自然资源产权制度改革 ……………………………… 7
　　三、搭建资源变资本的转化平台 ……………………………… 8
　　四、助力乡村振兴 ……………………………………………… 9
　　五、创造绿色发展模式 ………………………………………… 9

第三节　南平破题之路 ……………………………………………… 10
　　一、存在困境 …………………………………………………… 10
　　二、发展机遇 …………………………………………………… 11
　　三、课题进展 …………………………………………………… 11

第二章　生态银行平台构建与模式设计 …………………………… 15

第一节　生态银行平台定位与构建方法 …………………………… 16
第二节　生态银行模式分析 ………………………………………… 18
第三节　生态银行交易流程 ………………………………………… 20

第四节　生态银行实施要点 ·················· 25
　　一、主体职责 ·················· 25
　　二、产业基金 ·················· 26
　　三、实施策略 ·················· 27

第三章　南平市自然资源现状及产业现状分析 ·················· 29

第一节　南平市自然资源基本情况 ·················· 30
　　一、主要做法 ·················· 31
　　二、调查结果 ·················· 33

第二节　南平市各产业生产总值大数据分析 ·················· 45
　　一、2018年总体情况 ·················· 45
　　二、2017—2018年三次产业增速对比情况 ·················· 47

第三节　南平市2018年税收收入形势分析 ·················· 50
　　一、收入完成基本情况 ·················· 50
　　二、税收收入运行主要特点 ·················· 52

第四章　南平市生态系统服务价值核算 ·················· 57

第一节　生态系统服务价值核算 ·················· 58
　　一、生态系统价值核算工作开展背景 ·················· 58
　　二、生态系统价值核算相关概念 ·················· 59
　　三、生态系统价值评估框架 ·················· 60

第二节　生态系统服务价值核算方法 ·················· 62
　　一、直接评估法 ·················· 62
　　二、间接评估法 ·················· 63

第三节　南平生态系统服务价值核算 ·················· 64
　　一、生态系统类型面积 ·················· 64
　　二、生态系统服务功能价值核算 ·················· 66

三、生态系统服务评估指标体系构建 …………………… 71
　　四、供给服务功能核算 ………………………………… 72
　　五、调节服务功能核算 ………………………………… 78
　　六、支持服务功能核算 ………………………………… 91
　　七、文化服务功能核算 ………………………………… 94
第四节　南平市生态系统服务价值核算综合评价………… 97
　　一、生态系统服务总价值较高 ………………………… 97
　　二、生态系统面积变化不大 …………………………… 99
　　三、生物多样性价值高 ………………………………… 100
　　四、生态系统服务价值空间分布不均 ………………… 101
　　五、森林生态系统服务占比大 ………………………… 103
　　六、二级分类价值综合分析 …………………………… 105
　　七、土地利用和经济因素对核算期生态系统服务变化的影响 … 109

第五章　南平市生态银行技术支撑 …………………… 111

第一节　多源生态大数据获取……………………………… 112
　　一、获取技术 …………………………………………… 112
　　二、获取设备与标准化体系 …………………………… 116
第二节　自然资源大数据平台的构建……………………… 117
　　一、数据库的构建 ……………………………………… 118
　　二、自然资源信息管理系统构建 ……………………… 121
　　三、自然资源信息管理平台 …………………………… 122
　　四、自然资源评估大数据平台 ………………………… 124
第三节　自然资产大数据平台的构建……………………… 124
第四节　生态大数据指数信用平台………………………… 125
　　一、动态监测与信用评测 ……………………………… 126
　　二、溯源与交易数据区块链系统 ……………………… 126
　　三、溯源与品牌建设 …………………………………… 127

第六章　南平市生态银行试点实践研究 ········· 131

第一节　浦城县生态银行试点成果 ········· 132
一、试点背景 ········· 132
二、生态银行运作模式 ········· 137

第二节　文旅生态银行——武夷山五夫镇文旅产业 ········· 141
一、试点背景 ········· 141
二、运作模式 ········· 142
三、阶段成效 ········· 145

第三节　森林生态银行——顺昌县森林产业 ········· 146
一、试点背景 ········· 147
二、运作模式 ········· 147
三、综合效益 ········· 150

第四节　建盏生态银行——建阳区建盏产业 ········· 151
一、试点背景 ········· 152
二、运作模式 ········· 152

第五节　古厝生态银行——延平区巨口乡古厝"三权"分置 ········· 156
一、试点背景 ········· 156
二、运作模式 ········· 157
三、阶段成效 ········· 159

第六节　水生态银行——南平市水资源价值实现创新 ········· 160
一、试点背景 ········· 160
二、运作模式 ········· 161
三、实践成效 ········· 163

第七章　生态银行的风险防控 ········· 165

第一节　风险识别 ········· 166
第二节　风险防控 ········· 168
一、系统风险防控 ········· 168

二、准备阶段风险防控 …………………………………… 173

三、实施阶段风险防控 …………………………………… 173

四、运营阶段风险防控 …………………………………… 174

第八章　生态银行的保障措施 …………………………… 177

一、加强组织领导 ………………………………………… 178

二、完善绩效考核 ………………………………………… 179

三、加强队伍建设 ………………………………………… 180

四、严格监督检查 ………………………………………… 182

五、加大宣传力度 ………………………………………… 183

参考文献 …………………………………………………… 184

附　件 ……………………………………………………… 190

附件一：评估资产细则 …………………………………… 190

附件二：多源大数据技术应用 …………………………… 192

致　谢 ……………………………………………………… 193

后　记 ……………………………………………………… 195

第一章

生态银行
提出背景与实践意义

清新南平/郑惠平摄

习近平总书记深刻指出"绿水青山就是金山银山",这一重要论述揭示了人与自然、经济发展与环境保护之间的辩证关系和内在规律。"绿水青山""金山银山"分别体现了资源环境的生态属性和经济属性,如何在保持自然资源的生态价值基础上,将自然资源转化为生态资产,发挥其经济价值是践行"两山"理论的核心所在,已经成为最重要的国家命题、最为紧迫的时代命题。该命题的解答,对于自然资源高度富集、生态环境极其优越但经济发展相对滞后的地区显得尤为重要。生态银行的提出为"绿水青山"转化为"金山银山"提供了一种新的见解,打通了资源变资产成资本的通道。

第一节 生态银行提出背景

为深入贯彻落实习近平生态文明思想,加快构建生态文明体系,践行"绿水青山就是金山银山",创新探索"两山"转化的行动实践,生态银行应运而生。

本书研究的生态银行是自然资源资产运营管理平台,是基于我国自然资源产权制度的自然资产运营平台,与目前国内外提到的从事经营环境保护信贷业务的生态银行(eco-bank)是有本质区别的,著者对生态银行的定义是借鉴商业银行分散化输入和集中式输出的特征,搭建了一个围绕自然资源进行管理整合、转换提升、市场化交易和可持续运营的平台,运营的是自然资源的"权"与"益",是生态产品价值实现的市场化平台,为资源资产化、资产资本化为资源变现提供了可行路径。

一、生态文明时代的命题

众所周知,生态环境具有生态价值和经济价值双重属性,人类社会的发展必须尊重自然、保护自然,并最终依赖自然才能实现发展。然而,人类历经原始文明、农业文明、工业文明,始终未能解决人类文明与自然环境之间的根本性矛盾。特别是进入工业文明后,伴随着人类科学技术水平的快速提高,经济社会发展速度加快,与自然环境承载力之间的矛盾日益尖锐。这种环境与经济的失衡已经引起全人类的深刻反思,改变迫在眉睫。

党的十八大以来,以习近平同志为核心的党中央高瞻远瞩,站在人类文明发展规律的高度,提出了习近平生态文明思想。党的十九大再次对生态文明建设进行了部署,并提出了大量明晰、可操作的生态环境保护细节。生态文明是人类社会继原始文明、农业文明、工业文明后的新型文明形态,是以资源环境承载能力为基础,以自然规律为准则,以可持续发展、人与自然和谐共生为目标的文明阶段。它解决了人类社会发展与自然环境承载矛盾这一根本问题,为人类文明走出了一条绿色、低碳、可持续发展之路,是中华民族继儒家思想后为人类思想宝库贡献的重大智慧成果之一,是解决人类社会发展困境的"中国方案"。

2005年,时任浙江省省委书记的习近平在浙江省安吉县首次明确提出了"绿水青山就是金山银山"的理念。经过十余年的理论实践,"两山"理念这一科学论断已成为习近平生态文明思想的重要组成部分,是习近平生态文明思想在发展观上的具体要求,也是人与自然和谐发展方面的集中体现和当代中国发展方式绿色化转型的本质体现。"绿水青山就是金山银山"精华在于"就是",难点也在"就是",其中的核心问题是"如何转化"。"绿水青山"是高质量的森林、草地、湿地、湖泊、河流、海洋等自然生态产品及其系统的总称,"金山银山"是经济价值的通俗化表达。"绿水青山""金山银山"分别体现资源环境的生态属性和经济属性,是推动人类社会可持续发展的两个重要因素。因此,如何体现"绿水青山就是金山银山"的本质是如何使生态产品转化为生态资产,如何评估生态资产的生态价值,如何使生态价值体现为经济价值。

对于生态资源富集后发展地区而言,虽然自然资源丰富、生态价值丰厚,但其生态优势难以有效转化为经济优势,究其原因有四方面:一是资源分散难以统计。自然资源调查和确权的基础工作不完善,导致家底不清、权属不明;所有者权益内涵不明、权益缺位,导致我国资源的所有权实现很不充分,资源市场缺乏竞争性,资源价格体系不合理。二是碎片化资源难以聚合。资源分散、权属复杂等问题导致山水林田湖草等自然资源缺乏系统性保护与利用,无法发挥其规模效益。三是优质化资产难以提升。由于自然资源科学的评估定价体系尚未完成，所以无法将山水林田湖草等作为共同体来系统考虑其价值，没有体现出自然资源的生态服务功能价值。四是社会化资本难以引进。市场主体参与度不高，产业资本很难进入，外来主体开发时与所有权主体沟通、交易的成本过高（崔莉等，2019）。

针对上述问题，如何在综合考虑保护与发展等成本的基础上，进行自然资源产权制度改革，选择自然权益代理者，建立多元化、市场化的生态补偿机制，创新自然资源价值化实现形式，成为践行绿水青山就是金山银山、创新生态文明体制机制改革的核心问题。

二、绿色经济发展新战略

习近平总书记提出"要把生态环境保护放在更加突出位置，像保护眼睛一样保护生态环境，像对待生命一样对待生态环境，坚决摒弃损害甚至破坏生态环境的发展模式，坚决摒弃以牺牲生态环境换取一时一地经济增长的做法"。十八大以来，习近平总书记站在改革发展全局高度，深刻把握经济发展和环境保护的突出矛盾，提出绿色发展和生态文明建设道路，把绿色发展观上升至国家战略层面（邬兰娅和齐振宏，2019）。

我国实施了一系列促进人与自然和谐共生、经济发展与生态环境保护双赢的多种形式的绿色发展政策（牛文元，2012；胡鞍钢，2014）。例如，通过全面深化绿色发展的制度创新，有效引导企业转型升级，积极推进技术创新革新，走绿色生产的道路。同时，鼓励发展绿色产业，壮大节能环保产业、清洁生产产业、清洁能源产业，使绿色产业成为替代支柱产业，接力经济增长。推动绿色产品和生态服务的资产化，让绿色产品、生态产品成为生产力，使生态优势能够转化成为经济优势（邬晓燕，2014；董战峰等，2016）。

绿色发展已成为中国必然的战略选择，绿色金融是绿色发展的重要支撑，被赋予了更多的历史责任和时代使命。《关于构建绿色金融体系的指导意见》首次以官方名义明确了绿色金融的定义——绿色金融是指为支持环境改善、应对气候变化和资源节约高效利用的经济活动，即对环保、节能、清洁能源、绿色交通、绿色建筑等领域的项目投融资、项目运营、风险管理等所提供的金融服务。2015年以来，我国绿色金融蓬勃发展，绿色信贷是我国绿色金融市场的中坚力量，在绿色金融市场中发挥着最重要的作用。绿色债券的发展最为迅速，几乎从零开始发展，目前我国已经成为全球第二大发行主体，规模仅次于美国。碳金融的成效最明显，体系也是最鲜明的（饶淑玲和陈迎，2019）。

目前，我国的绿色金融资金供给依然不能满足绿色发展的需求。绿色金融改革正步入深水区，其主要问题有：在金融领域对环境权益交易的探索仍旧不够，例如，对排污权、水权、用能权等环境权益交易的探索；没有建立起统一的绿色资产交易平台，导致绿色资产流转不顺畅，绿色资产未能有效保值增值；没有构建出长期有效的绿色金融激励补偿机制及绩效评价体系，不利于构建完善的绿色基金退出机制；此外，由于绿色金融支持的绿色发展相关项目普遍存在规模小、分散、市场主体信缺失等问题，绿色金融未积极参与乡村振兴战略和美丽乡村建设。

深刻理解习近平总书记提出的"坚持绿色发展是发展观的一场深刻革命"，如何将生态建设的成果从财务、金融学的角度给予财富属性的认定，从而为生态建设打造财务可持续及金融可支撑的机制，这是将绿色发展作为新常态背景下国家经济发展新战略，推进生态文明建设必须直面并回答的课题，才能实现发展方式的实质性转变，做到金山银山不负绿水青山，实现经济与生态环境协调可持续发展。

三、生态产品价值实现新形式

长期以来，由于人们对自然资源价值认识的偏差，导致自然资源被掠夺式开发与低效利用，造成了自然资源稀缺与浪费并存，并引发了一系列生态环境问题，从而制约着人类可持续发展。如何转变自然资源利用方式，实现资源可持续利用，已经成为人类共同关注的主题（严立冬等，2018）。

近年来，关于自然资源资本化研究已经得到学术界的广泛重视，促进自然资源可持续利用，是兼顾环境保护与经济发展的高质量发展模式，也是绿水青山变成金山银山的基本途径（吴健等，2018）。自然资源并不能直接资本化，只有先转化为资产，通过市场交易转化为资本，才能把自然资源价值货币化，在市场中真正地实现其价值（严立冬等，2018；Barbier，2011）。自然资源转化为自然资产需要将自然资源及其产权作为一种资产，按照市场规律进行投入产出管理，并建立以产权约束为基础的管理体制，实现从实物形态的资源管理到价值形态的资产管理的转化。自然资源转化为自然资本需要将明晰产权的自然资源完成资产化后，以自然资产及其产权进入交换市场，体现资本增值属性，实现生产要素价值（高吉喜等，2016）。

但是在自然资源转化为自然资本的过程中仍存在自然资源资产底数不清、所有者不到位、权责不明晰、权益不落实、监管保护制度不健全等问题，导致产权纠纷多发、资源保护乏力、开发利用粗放、生态退化严重（中共中央办公厅和国务院办公厅，2019），这必然影响到资源作为商品的完整属性，影响到资源所有者的利益追求，从而影响到资源资本化的进程（段进朋和许道荣，2008）。

针对上述困境，我国主要采取以财政资金为主导的生态补偿制度，政府机构或非政府组织在管理过程中发挥主要作用，以"税""补偿费"及工程项目为主（王俊，2008；贾康和苏京春，2016）。虽然这种制度在一定程度上促进了生态保护，但也暴露出补偿方式单一、标准不高、效率低下的窘状。而诸如财税优惠、环境税、环境信贷、环境责任保险等生态环境保护政策，多数尚处于探索或试点阶段，政策实施的结构安排、功能分工、后评估机制尚未形成，没有建立完备的利益引导机制体系（秦昌波等，2018）。

越来越多的学者专家已经意识到市场化工具（market-based instruments, MBIs）是解决生态环境问题的一种经济高效的手段（林晓薇，2017；陈燕玉，2018），目前已有多种市场化补偿方式，但如何对其进行分类并没有统一的结论。例如，Pirard和Lapegre（2014）认为市场化工具可分为直接市场交易、许可证交易、反向拍卖、科斯类型协议、调控价格变化和自愿性价格信号六类；张文明和张孝德（2019）则认为可分为直接转化路径和间接转化路径。直接转化路径是指将生态资源的优势转化为生态产品直接交易获得价值，间接转化路径则是指经过生态资产优化配置、绿色产业组合、金融市场工具嫁接等方式实现生态资源增值。无论如何分类，一些具体的市场化方式，例如，水权交易、碳汇交易、商品林开发、森林旅游等，都对于推广市场化的生态补偿具有重要的意义。

但目前生态补偿市场化研究仍然存在一些不足：首先是生态补偿市场化的研究主要停留在理论层面，缺乏对市场化补偿的实证研究。例如，赵德余和朱勤（2019）通过总结安吉美丽乡村发展模式，虽然对资源如何转换为资产的内在机理进行了剖析，但并未对其他生态资源富集后发展地区资源如何转换为资产提供一种可复制可推广的路径及理论指导。其次，生态补偿市场化的研究主要集中于市场交易，但对于股权交易、银行贷款、企业资本融资等绿色金融的设想不足，并没有真正发挥好市场化工具的作用。

综上，如何在生态文明建设的关键时期，进行自然资源资产产权制度改革的有益探索，推动自然资源资产所有权与使用权分离，建立多元化的、市场化的生态补偿机制，实现生态产品价值实现机制的生动实践，成为践行绿水青山就是金山银山、进行生态文明体制机制改革的核心问题。

第二节 生态银行实践意义

一、重塑融资主体

在资源变资产成资本过程中，项目融资必不可少。传统发展模式下，地方政府全权负责生态资源开发和融资，在财政资金有限的制约下，只能通过各种途径进行融资，导致地方政府债务风险不断增加。因此，如何引入开发性金融力量，创新融资形式成为环保项目落地的关键。

生态银行通过重构融资模式，推动原有的政府融资平台转变为现代化市场主体，依靠企业化运作和市场化融资。通过吸引生态、绿色、高新科技企业，不断采用和创新生态技术，发挥生态资本的共生共进效应，将生态产品的价值最大化；在遵循生态规则和持续发展的理念前提下，政府给予一定政策优惠和支持的环境，共同去运营自然资源和自然资产，有效践行了"绿水青山就是金山银山"。同时，生态银行结合其他社会主体进行生态资源的融资、开发和运营，政府承担引导和监管职能，能够有效防范和化解地方政府债务风险。

二、促进自然资源产权制度改革

《关于统筹推进自然资源资产产权制度改革的指导意见》提出，到 2020年，基本建立"归属清晰、权责明确、保护严格、流转顺畅、监管有效"的自然资源资产产权制度，着力解决自然资源所有者不到位、所有权边界模糊等问题。以生态银行为契机，首先通过编制自然资源"一张图""一张表"明确了各类自然资源产权主体，厘清各类自然资源之间、各类产权主体之间的产权边界。其次，充分发挥制度和先行先试的优势，以产权主体国有为前提，探索自然资源产权使用权、收益权的市场化交易方式，充分发挥市场配置资源的基础性作用、政府对市场的监督调节作用，通过建立交易市场，利用金融杠杆等，促进自然资源产权顺畅、有效流转。此外，从"绿水青山"向"金山银山"转化要经过生态产品交易，在产权明晰的前提下，加强了自然资源要素有形市场建设，明确了自然资源市场配置规则，扩大了有偿使用范围，实现了自然资源的优化配置，使自然资源的交易价格客观反映自然资源资产的价值和代际关系，加快破解了生态资源和产品输出"变现"难题。

三、搭建资源变资本的转化平台

生态银行通过搭建一个自然资源资产运营管理平台，将零散的生态资源集中化收储和整治成优质资产包，并引入市场化资金和专业运营商，从而将资源转变成资产和资本。生态银行不仅是一个具有整合、保值、增值与退出功能的资源转换和交易中心，也是一个融资平台，通过推进生态资源整合、生态资产提升，对接金融市场、资本市场，在保持生态系统价值的基础上，创新多主体、市场化的生态产品价值实现机制。

除此之外，生态银行破解了生态资源价值实现的"四大难题"。一是在前端交易环节，明晰了自然资源产权，通过全面整合国土、林业、水利、农业等部门自然资源数据，形成全市国有自然资源"一张图"，解决了自然资源家底不清、权属不清等问题。二是在中端交易环节，将分散化的自然资源经营权通过租赁、托管、股权合作、特许经营等形式流转至生态银行运营机构，转换成集中连片优质高效的资源资产包，发挥自然资产的规模效应，聚零为整、提质增信，解决了碎片化自然资源难聚合、优质化资产难提升的问题。三是在后端环节，按照"政府搭台、农户参与、市场运作、企业主体"的模式，搭建资源管理、整合、转换、提升平台，推动市场化和可持续运营，提升资源利用效率和产业发展水平，解决了优质化资产难提升的问题。四是构建"专家委员会+自然资源运营公司+项目公司"的运作体系，通过生态银行对接市场、对接项目,破解了社会化资本难引进的问题。

四、助力乡村振兴

美丽乡村建设是全面建成小康社会的重要途径,是推进城乡统筹发展,推动农业农村工作的重要手段,是贯彻习近平总书记关于落实"三农"工作指示的重要方法(党晶晶,2019)。推进精准扶贫和污染防治,贯彻新的发展理念,打好三大攻坚战是党中央、国务院在十九大报告中提出的重点工作部署(宋献中和胡珺,2018)。由于家庭联产承包责任制和集体林权制度的改革,造成了生态资源碎片化问题,分散于农民手中的各类生态资源由于受规模、开发条件、资金等要素的制约,不仅使得自然资源难以发挥其最大效益,而且农民自身的受益程度较低,形成"捧着金饭碗要饭"的局面,影响了我国美丽乡村建设进程。

通过生态银行平台,以托管、流转、长期租赁等多种方式将分散化的生态资源进行规模化收储、整合、优化,形成可交易的优质连片资产,引入市场化资金和专业运营商整体运营,形成规模化、专业化、产业化运营机制,推动人才与资本要素进入乡村振兴和生态资源保护开发领域,既有力促进乡村振兴和区域发展,又为农户增加财产性收入,从而可实现"生态美""百姓富"的有机统一。

五、创造绿色发展模式

习近平总书记在深入推动长江经济带座谈会上指出,"要积极探索推广绿水青山转化为金山银山的路径,选择具备条件的地区开展生态产品价值实现机制试点,探索政府主导、企业和社会各界参与、市场化运作、可持续的生态产品价值实现路径。"目前,从各地的探索看,对生态资源产业化和资产化制度的全链条探索、转化路径及创新平台搭建实践仍旧不足。对此,可以及时总结、提升、完善南平生态银行建设的做法和经验,为全国探索可复制可推广的绿色发展之路提供有益经验,创造生态文明改革"南平模式"。

生态银行模式可分四步来理解:第一步,对自然资源进行调查,确权登记,形成精准化的资源信息一张图。第二步,通过合作、转让、托管等方式,将分散化的自然资源进行集中流转。第三步,对自然资源提质增信,形成合规、具有交易属性的自然资产，进行顶层谋划绿色产业，并通过生态金融工具撬动，吸引市场化的资本和技术进入自然资源开发领域。第四步，自然资产规模化经营。生态银行推动自然资产规模运营和交易，采取公开方式选择专业运营商合资设立企业进行专业化集成运营，调整生产关系，促进生产力提升，同时企业的规模化和专业化运营增加财政收入，推动经济可持续发展，推进供给侧改革。

第三节 南平破题之路

一、存在困境

南平市地处福建省北部，是闽江的发源地、福建的生态屏障，是地球同纬度生态环境最好的地区之一，2011年被环境保护部命名为国家级生态示范区，南平境内的武夷山是全国仅有的4个"双世界遗乡"地之一。南平市森林覆盖率达77.99%，主要水系Ⅰ~Ⅲ类水质比例100%，空气质量优良天数比例99.1%，PM2.5平均浓度24μg/m^3，优于欧盟标准，居全省第一。自然资源富集。南平国土面积占福建省的21.2%，居福建省第一、耕地面积、林地面积占福建省1/4；林木蓄积量占福建省1/3，毛竹林面积占福建省40%，茶叶种植面积占福建省1/5，是"南方林海""中国竹乡"；人均拥有水资源8900m^3，是全国人均水平的3倍；已探明储量矿种有46种，硫铁矿、萤石矿、石墨矿等矿石储量居全省第一位。但其经济相对滞后。改革开放前，得益于计划经济体制和服务台海危机形成的小三线建设，南平经济发展一度在全省前列。改革开放后，随着市场经济体制的逐步建立完善，以及海峡两岸关系逐年缓和，南平的区位优势快速蜕变为制约，经济发展逐步下滑到全省后列。2018年，全市GDP完成1792亿元、仅占全省5%，财政收入95亿元，人均收入25012元，均处全省末位。

综上，南平市最大的价值在生态、最大的潜力也在生态，但其生态优势、资源优势没有转化为现实效益，究其原因有四方面：一是思想观念的束缚。长期的农耕文化形成了小富即安、按部就班的传统观念，缺乏敢拼敢闯的意识，错失了一些发展机遇。二是功能区划的限制。南平作为闽江源头,是福建重要的水源保护区、生态功能区,10个县(市、区)中就有7个为限制开发区域,占全省的1/5强,经济发展受到了一定限制。三是认知水平的局限。长期对于绿水青山中所蕴藏的巨大生态价值认识不足,也缺少将绿水青山转化为金山银山的内生动力和氛围环境。四是乡村资源经营权碎片化的约束。随着经济社会的发展和产业结构变革,家庭联产承包责任制和集体林权制度改革在调动农民积极性的同时,也带来了生产资料和生态资源碎片化问题,导致土地、林地资源的规模效益无法充分发挥,虽然地方政府出台了普惠金融等支撑手段,但个体化的经营抗风险能力弱,经营成本高,不可持续。

因此,如何在生态文明建设和绿色发展理念的指引下,推进理念、模式、路径的多重转型,发挥好自身的生态优势、资源优势,切实把生态资源转化为现实效益,是当前南平市发展急需解决的问题。

二、发展机遇

多年以来,南平市深入贯彻新发展理念,以绿色产业作为突破口,逐步走出一条具有南平特色的绿色创新发展之路。2017年12月,南平市市委、市政府全面提出"生态产业化、产业生态化,建设'生态银行'"的发展构想,旨在选准与南平资源禀赋相得益彰的现代绿色农业、旅游、健康养生、数字信息、生物、先进制造、文化创意等七大绿色产业作为重点发展方向;通过创新建设生态银行,解决生态优势、资源优势与绿色产业的对接问题,激活绿色产业内生动力。

三、课题进展

2018年,由著者牵头,借力国务院参事室、国务院发展研究中心等高端智囊机构,南平市大胆探索实践,把生态银行从理论研究推动到落地实操,努力探索出了一条绿水青山转化为金山银山的实现路径。

2017年底,市委、市政府提出生态产业化、产业生态化,建设生态银行设想。

2018年2月,著者作为课题负责人承担了《南平生态银行试点方案》的设计和撰写工作。随后,带领课题组深入到南平各县(市、区)调研(图1.1)。

图1.1　生态银行试点调研

2018年2～4月中旬，多次组织课题组及相关领域参事、专家到南平市实地调研考察，分别在北京、南平召开数十次座谈会、研讨会、论证会，讨论生态银行试点方案框架，形成初步研究成果（图1.2）。

图1.2　生态银行试点研讨会

2018年4月23日，国务院参事室组织召开生态银行试点方案论证会，著者代表课题组汇报了生态银行试点方案构想及生态银行概念、模式、支撑体系及运行难点（图1.3）。会议对南平市生态银行试点方案给予高度肯定，认为生态银行是推动绿水青山转化为金山银山的创新举措，南平市探索建设生态银行意义重大。

图1.3　生态银行试点方案论证会

2018年6月19日，市政府成立试点工作领导小组。

2018年7月13日，南平市委组织专题理论中心组扩大学习会，请著者做生态银行试点工作专题辅导报告，统一各级领导干部思想，提高认识水平。同时市委书记部署生态银行试点工作。

2018年9月3日，试点实施方案先后经市政府常务会议、市委常委会议研究通过，南平市全面启动生态银行试点工作。

2018年9月20日，生态银行专家委员会、市生态公司正式成立按照生态银行设计的模式和框架，试点工作稳定有序推进，初步形成了顺昌林业、武夷山文化、建阳建盏、延平古厝等资源的开发运作模式。

2018年12月3日，顺昌县"森林生态银行"正式运营。

2018年12月5日，南平市向自然资源部进行生态银行工作汇报。

2019年2月，生态银行信息管理平台在顺昌县、武夷山市投入使用。

2019年4月2日，南平市委组织专题理论中心组扩大学习会，再次请著者作生态银行试点工作专题辅导报告，总结试点成果，梳理工作推进的重点，提出破解难点办法及下步工作方向（图1.4）。

图1.4　中心组扩大学习会议

2019年4月，福建省顺昌县绿昌林业融资担保有限公司正式成立。

2019年4月17日，唐登杰省长调研顺昌"森林生态银行"，提出要稳步推进"森林生态银行"的探索实践。

2019年5月7日，南平振兴乡村基金正式设立。

2019年5月，中共中央党校、中国社会科学院，以及福建省省委改革办公室、自然资源厅等省直部门，承德、赣州等兄弟地市先后到南平调研生态银行试点工作。

2019年6月，市委市政府组织开展了全市生态银行建设试点工作集中轮训活动，以切实提高实施试点的业务水平和工作能力，推动全市试点工作的有效开展。培训内容为生态银行试点的背景、目的和意义,试点工作开展的主要情况和阶段性成果;生态银行的运作模式、流程和方法;顺昌、武夷山等地的试点经验;市委、市政府对试点工作的部署和要求。

2019年7月2日,自然资源部考察组参观生态银行展厅,听取生态银行工作汇报(图1.5)。指出生态银行在理论和实践都没有参考的情况下,在落实两山理论、保护生态环境方面已经取得了一定成果,希望下一步继续深入探索,打造出一套可复制可探索的"南平模式"。

图1.5　自然资源部考察组考察生态银行

经过2年多坚持不懈的探索,生态银行课题组就生态资源富集后发展地区推动绿水青山转化为金山银山、实现生态保护与经济发展相协调进行了有效探讨,形成了一套较为完善的理论体系与实践方案,可为各地积极推动生态示范创建、开展具有地方特点的生态文明建设提供经验,以下将首先从生态银行理论内涵层面进行剖析。

第二章

生态银行
平台构建与模式设计

空灵隐屏/吴心正摄

如前所述，生态银行虽然借用了银行的概念，但并非金融机构，而是一个围绕自然资源进行管理整合、转换提升、市场化交易和可持续运营的平台，平台的主要目的就是践行"绿水青山就是金山银山"。生态银行实质上是一个围绕生态资源进行管理、整合、转换、提升、市场化和可持续运营的平台，其模式机制可以概括为四个特点：政府搭台，农户参与，市场运作，企业主体。生态银行是由政府授权出资代表和企业合资，发起成立的混合所有制性质的有限责任公司，政府发起设立生态资源保护开发有限公司，下辖各级政府成立资产管理和项目开发公司，实质上是以地方政府资源管理和开发公司的形式，作为分散的生态资源资产所有者与产业投资（运营）商之间的资源中介、信息中介和信用中介，串联起生态产品市场运作的生产、交换、分配和消费环节，推动资源所有者权益实现，通过市场机制实现资源生态价值补偿。该平台是如何构建的以及其模式机制、运作流程是如何实现的，本章将针对这些问题就生态银行的理论内涵展开详细阐述。

第一节　生态银行平台定位与构建方法

生态银行平台的总体定位是生态资源资产运营管理平台、生态修复平台、产业融合发展平台、交易平台、融资平台、创新平台。因而，生态银行不仅具有整合、保值、增值与退出功能，也可以通过与资本市场的对接撬动更多资金投入到乡村振兴和生态资源开发领域。生态银行强调充分发挥市场在资源配置中的决定性作用，激发市场主体的主动性、创新性，立足政府引导和企业主导结合，通过设置强制性交易规则形成规则治理，通过大数据和区块链等科学技术创新破解资源信息和市场信息的不对称，通过农村各类生态资源的整合和优化形成资源包和资产包，从而推进精准扶贫和污染防治，推进乡村振兴和城乡融合发展。

生态银行平台的构建坚持"三个背景结合""三个主体结合"与"三个方法结合"（图2.1）。"三个背景结合"是指要坚持国家的政策导向、国内外先进经验和南平地方需求特征相结合，具体包括贯彻落实十九大报告提出的乡村振兴战略、区域均衡发展战略、精准扶贫和污染防治等重大部署，学习借鉴国内外关于生态银行、绿色金融和生态交易等先进经验，结合当地产业基础、生态优势和可持续发展诉求。"三个主体结合"是指要坚持地方政府、国家智库和市场主体的结合，通过发挥各级地方政府的主导运作、国家智库的智力支持和金融机构、产业运营商等市场主体的积极参与，形成多元主体合作、风险分担、利益共享、优势互补、长期合作的关系。"三个方法结合"是指要坚持理论阐释、案例借鉴和专家访谈等方法的结合，保留、提炼，对国内外相关案例进行深度分析和借鉴，并邀请国内相关领域第一流的专家进行多轮座谈把关，从而保证生态银行创新模式的科学构建和有效落地。

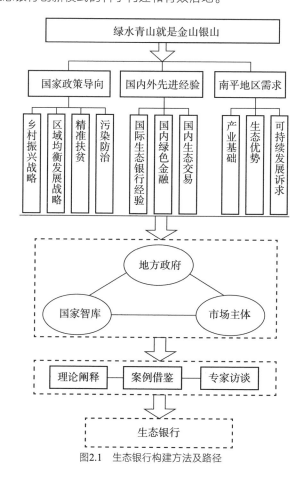

图2.1　生态银行构建方法及路径

第二节 生态银行模式分析

生态银行的模式机制可以概括为四个特点：政府搭台、农户参与、市场运作、企业主体。首先是政府搭台，即政府掌控资源，在宏观上积累出规模化的效应，从而形成集约化发展模式。第二是调动农户积极性，通过农民、林农、国有农（林）场、国有企业的参与，盘活资源，提高资源利用效率，降低生态消耗成本。第三是通过市场化融资和专业化运营，解决自然资源全过程开发的资金需要，缓解政府资金压力，化解地方债务风险。第四是以企业为主体，吸引生态、绿色、高新科技企业，在遵循生态规则和持续发展的理念前提下，政府给予一定政策优惠和支持的环境，共同去运营自然资源和自然资产，有效践行"绿水青山就是金山银山"。

在具体的操作模式上，通过政府和企业合资设立操作平台，针对山、水、农、林、湖、茶等分散化的生态资源，在确权登记基础上，结合"所有权、资格权、使用权"和"所有权、使用权、经营权"三权分置改革，通过转让、租赁、托管等方式将资源的资格权、经营权和使用权集中化流转到生态银行，对分散式生态资源进行规模化收储、整合、修复、优化，结合发展现代绿色农业、乡村旅游、健康养生、文化创意、生物技术等新产业新业态，引入市场化资金和专业运营商，由专业运营商负责专项集合资源的整体运营，从而形成规模化、专业化、产业化运营机制，为农户增加资本性收入和经营收入，从而打造将资源转化为资产继而转化为资本的可持续发展路径。生态银行模式总体框架见图2.2。

生态银行主要由两个关键环节组成一个闭环，即生态资源到生态资产的转换，生态资产与产业资本的对接。生态银行通过公司化机制、市场化运作，进行两端交易，第一个交易环节中，在确权登记和资产评估的基础上，将生态资源从农民和农场手上流转过来，并通过生态修复、空间捆绑、产业导入等措施进行整合和增信，形成资产包；第二个交易环节中，生态银行通过产业导入，将生态资产分类（行业）分块（区域）打包形成产业包，对接资本市场，引入专业的产业运营商，通过持续产业运营和市场化融资实现生态资产的保值增值。具体而言：

（1）地方政府为生态银行发起人和总牵头方，市政府授权下属出资人代表与合作方（央企、地方国企、金融机构、有实力的民企等）共同出资成立生态银行有限公司（简称生态银行），作为SPV（special purpose vehicle，特殊目的实体），政府相对控股。生态银行性质为注册的混合所有制有限责任公司。生态银行不以盈利为目的，具有一定公益性质，其资产交易收入以满足成本（包括评估成本、交易成本、管理成本等）为主。

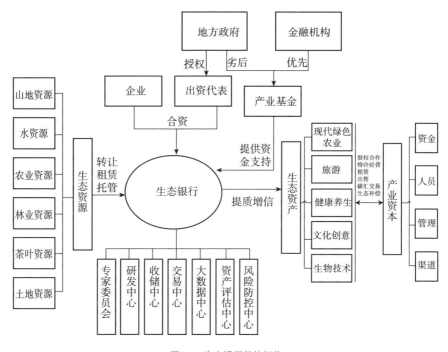

图2.2　生态银行总体架构

（2）生态银行主要设置专家委员会、大数据中心、收储中心、资产评估中心、研发中心、交易中心、风险防控中心等部门。其中，专家委员对战略发展、总体模式、运作流程、产品创新、规则制定等提供宏观指导和技术把控；大数据中心通过遥感、区块链等技术对资源进行精准测量，建立自然资源账本，进行动态管理；收储中心负责对区（县）的相关自然资源通过收购、租赁、托管等多种方式进行流转和收储；资产评估中心负责聘请和协助专业的第三方评估机构对需要流转的目标自然资源进行资产价格评估，确定参考价格；研发中心主要负责产业产品的设计和论证，具体操作流程和交易规则的制定；

交易中心负责对收储集中整治后的资源打包进行市场化交易，通过公开竞争的方式选择合适的潜在开发运营商负责持续运营，实现资产的增值和资源的开发；风险防控中心负责对自然资源评估、收储、整治、交易和运营等全过程可能存在的风险进行识别、防范和动态监控。

（3）生态银行充分发挥市场机制，通过多元资本运营解决资金问题。主要的融资集中在生态银行的两个交易环节，其中，第一个交易环节是生态银行对各类自然资源的流转，地方政府与意向金融机构共同成立合伙型产业基金的资金需求，主要通过产业基金方式解决，政府作为劣后级，金融机构作为优先级，产业基金负责为生态银行的自然资源流传提供资金支持。第二个交易环节的资金需求主要是生态产业运营的资金需求，主要由通过竞争性方式选择的产业运营商负责进行多渠道市场融资。

（4）对于自然资源的原来持有人，则通过资源经营权评估入股、货币化流转、转为运营公司员工等多种方式，积极为农民创造资产性和生产性收入，从而化解原有模式下农民运营成本高、风险应对能力弱、收入来源不稳定、融资困难等难题，有力促进精准扶贫。

第三节　生态银行交易流程

生态银行交易流程主要由两个环节组成，即前端交易环节（生态资源转换成生态资产）与后端交易环节（生态资产与产业资本的对接），如图2.3所示。

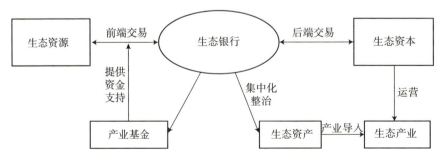

图2.3　生态银行交易过程

前端交易环节，即生态资源转换成生态资产，具体交易过程如下。

（1）生态银行对全市域范围内位于广大农村地区农民和农场等机构手上碎片化的山、水、农、林、湖、茶和集体建设用地等生态资源，在政府确权登记和三权分置改革基础上，结合大数据和区块链技术，按照事先制定的遴选标准和产业要求进行筛选。

（2）对符合要求的生态资源，委托第三方评估机构进行资源价值量化评估。以评估价格为参考，根据不同生态资源的属性特征采取不同的流转方式，比如林权，采用公有产权为主，集体建设用地以转让和转包为主，山地资源、水资源和湖泊资源等以转让或长期租赁为主，农业资源和茶叶资源以转让或作价入股为主，将目标生态资源的使用权和经营权统一流转到生态银行。流转所需要的资金通过政府和合作金融机构共同设立的产业基金负责提供，生态资源转换成资产包进行交易后的收益作为还本付息来源。

（3）由生态银行按照区域打包、行业打包和产业导入等方式，进行综合整治和提质增信，从而转换成集中连片优质的规模化生态资产包。比如，将同一个区域内的山水农林湖地等资源打包成一个旅游资产包，以便进行旅游开发；或者将一个区域（比如，一个县）内的全部或部分茶叶资源做成一个产业资产包，由一家专业的茶叶开发商负责融资和统一开发，发挥规模优势和品牌优势。

后端交易环节，即生态资产对接资本市场和专业运营商，具体交易过程如下（图2.4）。

（1）生态银行对流转的生态资源集中打造符合政策导向、契合资源特点、迎合可持续发展趋势的产品线和产业链，重点包括现代农业、生态旅游、生物技术、大健康、文化创意等环保型产业，通过条块集合将生态资产进一步转换成产业产品。

（2）生态银行要充分发挥专业的人做专业的事，在资源分类集中化收储的基础上，按照产业类型，可成立专门的产业运营公司对持有生态资产进行持续运营和稳健运营，例如，旅游开发运营公司，大健康产业开发运营公司，现代农业开发运营公司等。运营公司可由生态银行自己运营，也可通过公开竞争方式引入专业的有实力、有经验的产业运营商和开发商，以股权合作、特许经营、委托运营、租赁、转让、碳汇交易、生态补偿等方式进行运营。各具体交易模式的结构如下：①股权合作，即由生态银行通过引入专业运营商（产业资本）共同出资成立专业运营公司对生态资产和产业进行融资、开发和运营，双方按照出资额承担责任和分享收益（图2.5）；②特许经营，由政府通过竞争性方式选择合适的专业运营商（产业资本），授予特许经营权，由专业运营商全权独资负责指定生态资产和产业一定时期内的融资、开发和运营（图2.6）；③委托运营，生态银行将特定的生态资产通过协议方式委托给专业运营商（产业资本）在一定时期内进行运营，生态银行保持产权并支付委托费用（图2.7）；④租赁，生态银行将特定的生态资产通过协议方式租赁给专业运营商（产业资本）在一定时期内进行运营，运营商支付租赁费，并通过运营获取收益；⑤转让，生态银行将持有的部分生态资产的权益直接一次性转让给专业运营商（产业资本），收取转让费。考虑到产业运营的专业性和重要性，建议由生态银行和专业的产业运营商主要采用股权合作方式，成立专门的运营公司进行运营。

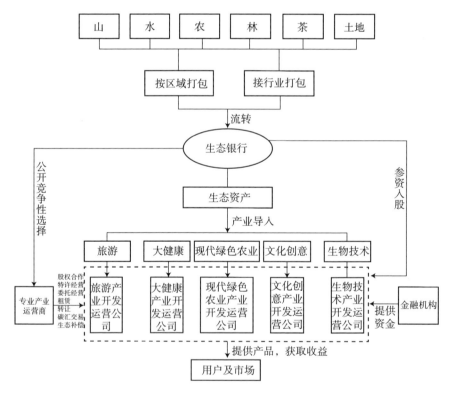

图2.4　生态资产交易结构

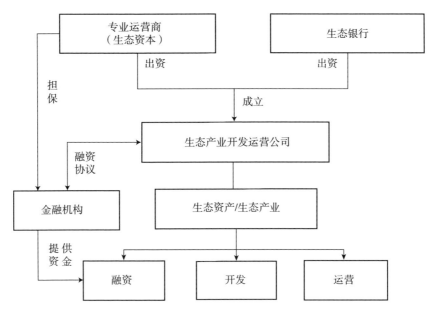

图2.5 股权合作模式

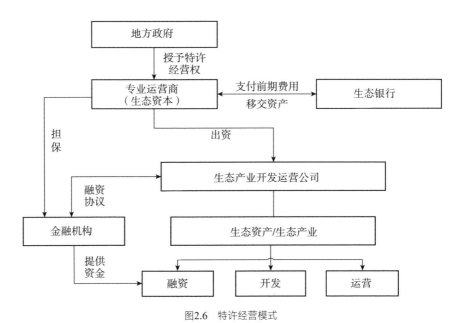

图2.6 特许经营模式

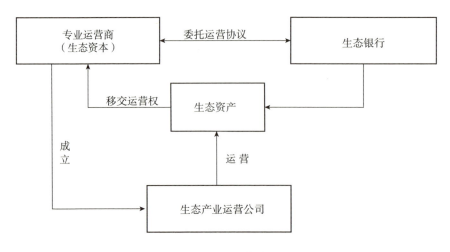

图2.7　委托运营模式

（3）生态银行不以盈利为目的，其对生态资源和生态资产的转换费用通过成本加成方式合理确定，并向产业运营公司收取。产业运营公司则通过对生态资产的产业化、市场化开发运营，获取长期稳定的收益，实现自平衡，并可以通过资产证券化、IPO、政府回购等途径实现退出（图2.8）。

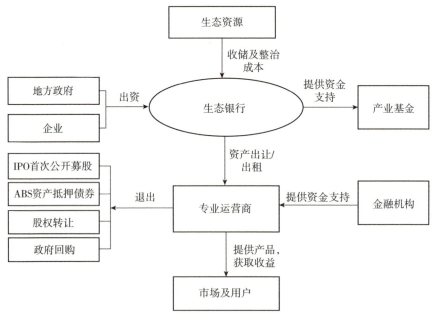

图2.8　盈利模式

第四节　生态银行实施要点

生态银行的核心在于专业化运营和市场化融资，即以生态银行及其衍生企业为主体进行市场化融资，解决生态资源全过程开发的资金需要，从而缓解政府资金压力，化解地方债务风险。生态银行通过对生态资源的集中收储和整治，引入产业链和产品线，形成优质资产包，增强对潜在专业运营商的吸引力，通过多种方式授权专业运营商对产业资产进行融资和运营，从而实现生态资源的保值增值和可持续开发，有效践行"绿水青山就是金山银山"。

一、主体职责

生态银行充分发挥市场在资源配置中的决定性作用，以市场机制为基础，以政府政策为引导，尊重市场规律，激发市场主体积极性，通过市场行为推动资源的市场化开发。各级地方政府、金融机构、专业运营商、农民等多元主体的分工合作是生态银行能够成功落地的关键，具体分工合作如下。

政府的职责：①发起成立生态银行，全面负责生态银行的顶层设计和全程把控；②积极争取上级政府和政策支持，打造平台，编制组织架构，吸引人才，加强能力建设；③积极推进生态资源的确定登记和三权分置改革；④制定生态银行交易规则和运营机制；⑤加强监管，切实维护公共利益。

专业运营商的职责：①负责细分产业的运营，盘活资产，促进生态资产保值增值，同时获取合理收益；②负责通过市场化融资，筹集产业运营所需要的资金；③在符合条件的前提下，尽可能雇佣当地农民和居民就业，积极为当地培育专业人才队伍。

金融机构的职责：①负责提供资金，获取合理收益；②通过尽职调查对所投项目进行研判，对风险进行防范。

各个主体所处的地位、拥有的资源、在项目中的职能都不相同，需要构建优势互补、职责明确、权责一致、激励相容的职责体系，才能共同推进生态银行的实施。

二、产业基金

通过"资金改基金，无偿改有偿"，由地方政府出资设立生态产业基金，作为生态银行收储生态资源的主要资金来源，从而化解政府财政支出压力，撬动社会资本，充分发挥财政资金的引导和放大效应，引入灵活创新的市场资金。

以南平市生态资源产业发展基金为例，产业基金规模暂定为10亿元，其中南平市政府出资2亿元作为劣后级，募集机构投资人（投行或券商）8亿元作为优先级。基金采取"一次设立、分次募集"的方式，基金的规模和募集批次可根据基金投放以及开发进度确定。一期为10亿元。基金存续期原则上为7年（前5年为投资期，后2年为退出期）。对于退出周期较长的项目，可考虑在现金流覆盖的情况下酌情延长基金期限。南平市政府和机构投资人共同合资成立基金管理公司。基金管理公司为基金GP，负责基金管理。投资期内每年按基金规模的2%收取管理费。南平市生态资源产业发展基金基本条款见表2.1，基金基本架构见图2.9。

表2.1　基金基本条款

基金名称	南平市生态资源产业发展基金
基金类型	有限合伙
基金规模	10亿元人民币，实际规模可根据项目投放以及收益情况进行调整
基金管理人（GP）	南平市生态资源投资管理有限公司
有限合伙人（LP）	南平市财政出资2亿元（劣后级），吸引机构投资人8亿元（优先级）
管理费用	投资期内每年按基金认缴出资额2%收取
基金期限	基金运行周期5+2：投资期5年，退出期2年
基金投向	以南平市生态银行为平台，主要投向南平市生态资源的收储和提升改造
投资方式	股权形式或可转债形式，以股权投资为主
退出方式	1. 政府回购；2. 投资项目公司IPO；3. 股权转让

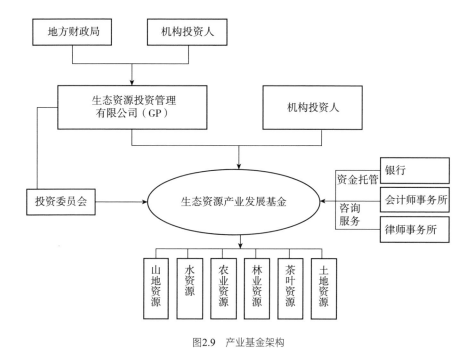

图2.9 产业基金架构

三、实施策略

为有序推进生态银行的实施,选取生态资源富集的后发展的南平市为试点,积极创新,充分发挥政策试点机制,采取"设计—论证—试点—总结—推广"的政策模式,具体的实施策略如下。

坚持国家战略与地方实际相结合。生态银行坚决贯彻党和国家生态文明、乡村振兴战略、区域均衡发展、污染防治、精准扶贫等系列决策部署,同时又密切结合南平市发展基础、地方特色和发展现状。

坚持顶层设计与落地实施相结合。生态银行一方面要通过国家智库的智力支持,结合国内外的案例借鉴,通过专家的细致研究和反复论证,做好前期设计;同时要求具有可行性和可操作性,强调生态银行的落地实施,强调实践导向和问题导向。

坚持中期规划与近期工作相结合。生态银行的设计要立足未来5～10年的发展趋势和宏观背景,同时又要制定近2年的行动路线图,保证生态银行在正确的方向指引下,及早实施,及早发挥效益。

坚持行业试点与全面推广相结合。考虑到生态银行涉及面广、专业性强、创新性强，可在特定产业试点，获得初步积累的经验及教训后，进行适度推广和全面铺开。考虑到南平市的资源优势和发展基础，拟在旅游业和林业两个领域开展为期一年的试点，遴选有一定条件和规模的国有林场、特色小镇、田园综合体、美丽乡村、家庭农场等先行先试。待现有模式成熟之后，生态银行可考虑扩展植入金融功能，单独或联合申请相关金融牌照，积极开展绿色金融业务。

坚持条块互动与上下联动相结合。生态银行一方面需要在南平市级层面以及下属10个县（市、区）开展，同时又涉及山、水、农、林、湖、茶等生态资源主管部门，需要条块机构之间做好协调工作，同时还需要南平市政府做好与上级政府和主管部门的沟通协调工作。生态银行在专题研究基础上，争取尽快编制试点方案报国家发展和改革委员会审批，以南平市为试点，先行先试，及时总结，形成可复制可推广的模式。

综上，本章厘清了生态银行的理论框架，针对自然资源变资产成资本的三个交易环节，即前端、中端、后端环节存在的难点问题提出了具体可行的运作模式，真正打通了"绿水青山"转化为"金山银山"（即资源变资本）的通道。资源要转化为资本，首先必须对资源的产权包括所有权、使用权和经营权等有一个明确的界定，这样才能确保资源在转化为资本的过程中做到归属清晰、权责明确、保护严格、流转流畅。因而，首先要对自然资源存量及其权属有一个清晰的认识。

第三章

南平市自然资源现状及产业现状分析

念山梯田/南平市自然资源局提供

生态银行进行资源整合和产业选择的基础是对区域自然资源数据、产业发展现状进行统计，形成自然资源的"一张图"，产业现状"一张表"，进而科学研判自然价值。南平市地处福建北部山区，拥有非常丰富的自然、生态、文化等资源，但是仍面临自然资源家底不明、权属不清，碎片化资源难以聚合等问题，导致资源优势未能有效转化为经济优势、发展胜势，经济发展体量小，在全省相对滞后，是典型的资源富集后发展地区。这也是许多生态优良的欠发达地区所面临的共性难题。如何发挥好自身的生态优势、资源优势，把生态资源转化为经济效益，是南平发展需要解决的核心难题、现实问题。本章首先针对上述南平市自然资源存在的问题，提出了一些解决办法；其次，通过分析南平市产业发展的现状与特征，指出南平市发展目前面临的困境，旨在为南平市各地区依据自身资源现状，因地制宜探索出适合该地区的发展模式。

第一节 南平市自然资源基本情况

长期以来南平国有自然资源分散管理，政出多门，割裂了自然资源之间的有机联系，造成了自然资源数据的分散零乱、底数不清。摸清国有自然资源资产底数，是做好自然资源资产管理体制试点各项工作的基础，能够为推进生态文明建设、有效保护和合理开发利用国有自然资源提供信息基础、监测预警和决策支持。为了解决国有自然资源统一管理问题中最为突出、最为急迫的家底不清、权属不明等问题，有必要全面摸清国有自然资源家底，为探索国有自然资源数据在平面上交叉重叠问题的解决路径、有效保护和合理开发利用国有自然资源提供决策依据。

南平市自然资源局收集了国土、林业、水利和环保等相关部门数据，经内业数据处理和分析、实地核实，初步摸清市域内国有自然资源家底，形成南平市国有自然资源"一套表"。"一套表"反映了南平市国有自然资源的主要类型、数量等，可为下一步自然资源统一确权登记提供可借鉴经验。

一、主要做法

（一）全面收集资料

为最大限度地保证收集数据资料的全面完整，南平市相关单位人员经过多次探讨，确定数据资料收集的主要内容和具体要求，并走访部分单位，全面广泛收集国有自然资源相关调查、普查、发证、规划等数据资料以及有关调查规范、评审意见书、生态管控、公共管制等资料，为南平市全面铺开数据收集、开展试点工作奠定基础。

主要收集的数据资料有：国土资源部门的第二次全国土地调查数据、土地利用年度变更调查成果数据、耕地后备资源调查数据、农村集体土地所有权确权登记数据、经过矿产资源储量评审备案的矿产资源储量数据，林业部门的林业二类调查资源数据、已发证林权资料和林权"三定"清册、森林公园数据，水利部门已有的河流岸线划定数据、水库资源数据，农业部门的国有农场数据，土地利用、矿产资源、城乡建设规划，生态保护红线，矿产资源储量评审备案材料，福建省地方森林资源监测体系小班区划调查技术规定等。

（二）明确类型范围

通过收集分析各部门国有自然资源有关数据，结合现行自然资源分类方法，南平市国有自然资源主要有国有土地资源、探明储量的矿产资源、国有森林（林地）资源、水资源4类，荒地、滩涂已统计在国有土地资源中。经与浦城县国土资源、水利、林业等部门协商一致，确定了浦城县国有自然资源统计对象并明确具体范围，将试点范围扩大到全市时，根据实际情况进行微调，具体如下。

国有土地资源：目前，根据国土资源部门的第二次全国土地调查（二调）、农村集体土地确权登记等数据基础，国有土地数据可有两种数据提取方式，第一种是按照直接提取土地"二调"数据库中的国有土地数据，第二种是扣除已确权登记的集体土地后的土地作为国有土地数据。经对比两种提取方式提取出来的数据，第一种方式提取出的国有土地数据中，部分已确权登记为集体土地的数据仍为国有土地，所以本次国有土地数据提取选择第二种方式。在收集相关数据库后，由省地质测绘院开发软件，运用农村集体土地确权登记等数据直接生成国有土地数据。根据《土地利用现状分类》（GB/T 21010-2007）

和"二调"的实际情况，将土地资源分为农用地、建设用地和未利用地3大类，细分为耕地、园地、林地、草地、其他农用地、城镇用地、村庄、采矿用地、交通运输用地、水利设施用地、其他建设用地、水域、其他未利用地等13小类。

已探明储量的矿产资源：根据福建省探明储量的矿产资源纳入自然资源统一确权登记试点方案，将407处已探明储量的矿产资源作为统计对象，包括了现有的采矿权、探明储量的探矿权和矿业权灭失的矿产地等。

水资源：以已有的水库、河流岸线为基础，结合批供地红线和实测岸线，并与自然资源资产负债表统计口径一致，将集水面积大于$50km^2$的河流、大中型水库作为统计对象。

国有森林（林地）资源：以林业部门提供的林业二类调查成果为基础，将国有森林作为统计对象，不受森林资源所占土地是否是国有土地或林地的影响。由于林业部门确认的国有林地、国有森林范围在平面上并非一一对应，有的国有森林所占土地是集体土地，有的国有林地上附作森林是集体或个体森林资源。为了探索解决林业部门确认的国有林地与国土资源部门确认的国有土地（非林地）、水利部门确认的河流（或实际河流）范围相互重叠交叉问题，在统计国有森林资源的同时，将林业部门确认的国有林地作为统计对象。

（三）积极沟通协调

在数据收集过程中，在原福建省国有自然资源资产管理局工作组的蹲点指导下，南平市组织相关部门召开座谈会，了解国有自然资源数据现状，沟通协调数据收集工作，要求相关部门填报统计表单的同时提供相关数据库资料，为建立国有自然资源数据库和完成"一张图"工作做好准备。由于国有自然资源中，省属林场的管理权限在省林业厅国有林场管理局，市、县林业部门需征得同意后才能够提供省属林场有关数据。为此，南平市自然资源局多次请原福建省国有自然资源资产管理局领导帮助协调收集有关数据。针对部分水资源无岸线数据的情况，南平市浦城县水利部门立即组织测绘力量对部分水库进行实测，取得准确的水库范围数据资料。

（四）制定统计表单

南平市工作组与省局工作组根据了解的国有自然资源有关数据情况，本着覆盖全面、简明扼要的原则，研究制定了统一的国有自然资源统计表单和详细的填表说明，方便数据收集汇总，也保证了数据的完整性和统一性。总结浦城县"点"上的经验，将试点范围扩大到全市，对表单进行微调。国有自然资源"一套表"表单主要有土地资源"一套表"及明细、矿产资源"一套表"及明细、河流资源"一套表"及明细、林地资源"一套表"及明细以及"森林资源""一套表"及明细等共计10个。

二、调查结果

根据调查结果统计，南平市国有土地面积21.41万hm^2，约占市域土地总面积的8.1%，其中，国有农用地面积15.66万hm^2、国有建设用地面积2.65万hm^2、国有未利用地面积3.11万hm^2。南平市国有耕地总面积为4004.2 hm^2，其中，武夷山市国有耕地面积最大，为1363.84hm^2；光泽县次之，面积为511hm^2（表3.1）。

南平市国有林地面积9.46万hm^2，约占林地总面积的19.90%，其中，乔木林地8.44万hm^2、灌木林地0.24万hm^2、竹林地0.51万hm^2、未成林地0.20万hm^2、其他林地0.07万hm^2。

南平市拥有各种森林资源，拥有毛竹、防护林和特用林等公益林以及用材林、薪炭林、毛竹林等其他各种商品林，各类森林资源面积、蓄积量或株数如表3.3所示。其中，国有森林蓄积量2735.7万m^3、毛竹1910.6万株（表3.2）。

南平市拥有丰富的河流资源，市域内流域面积50km^2以上的河流有122条，其中拥有Ⅲ级及以上水质等级溪流共43条，其中，清溪水质达到Ⅰ级（表3.4）。多年平均水资源总量269.86亿m^3。

表3.1 南平市国有自然资源"一套表"（土地资源）

单位：hm²

土地资源总面积	南平市国有自然资源面积 2627967.48													
	国有土地资源面积 214137.68												非国有土地资源面积 2413829.80	
地类 县（区）	农用地				建设用地						未利用地			小计
	园地	林地	草地	其他农用地	城镇用地	村庄	采矿用地	交通运输用地	水利设施用地	其他建设用地	水域	其他未利用地	小计	
延平区	101.43	135.67	4670.97	8.48	47.82	458.69	807.54	13.36	1465.42	634.65	480.74	7240.63	66.30	16131.70
建阳区	493.78	252.06	19607.77	0.00	20.73	359.12	198.82	37.46	1332.11	204.22	3.29	2189.47	289.87	24988.67
邵武市	290.13	234.27	23978.91	0.00	84.18	2035.64	1029.87	22.80	1171.20	112.92	208.61	2738.58	98.10	32005.20
武夷山市	1363.84	730.37	16385.84	0.00	53.56	1262.51	459.47	44.32	1967.09	354.20	121.55	3184.64	338.52	26265.90
建瓯市	253.00	1178.16	13555.56	0.00	22.19	241.31	516.46	3.18	1677.76	414.04	2.15	5177.79	91.54	23133.15
顺昌县	151.76	203.49	9956.22	0.00	9.63	234.01	201.31	230.43	364.68	47.73	0.96	1730.10	26.05	13156.37
浦城县	394.96	288.70	11573.48	0.00	57.73	445.04	505.96	21.68	1140.06	319.14	12.47	3082.71	50.37	17892.31
光泽县	511.00	96.18	45501.32	0.00	55.19	91.25	466.18	17.27	564.80	361.36	286.66	2150.59	674.18	50775.97
松溪县	74.37	24.82	2746.73	0.00	0.52	517.42	151.14	27.65	665.28	171.60	2.06	1219.76	26.78	5628.13
政和县	369.95	327.63	686.13	0.00	68.10	558.34	84.66	9.90	813.33	493.23	17.96	699.46	31.59	4160.28
合计	4004.20	3471.34	148662.93	8.48	419.64	6203.35	4421.41	428.05	11161.73	3113.08	1136.44	29413.73	1693.30	214137.68

表3.2 南平市国有自然资源"一套表"(林地资源)

单位：hm²

县（区）	林地总面积 475333.91	国有林地面积 94617.13					集体林地面积 38071678		
		国有林地资源							
	乔木林地	竹林地	疏林地	灌木林地	未成林地	其他林地	小计		
光泽县	16198.60	1681.98	0.00	284.62	207.41	81.37	18453.98		
建瓯市	638.15	30.19	0.00	3.45	3.99	25.81	701.59		
建阳区	8971.00	102.99	0.00	559.47	44.02	28.60	9706.08		
邵武市	16781.61	1283.88	30.24	181.56	462.43	103.61	18843.34		
顺昌县	10900.69	848.58	23.03	39.45	416.69	52.95	12281.38		
松溪县	2129.60	159.39	10.79	60.79	105.37	13.72	2479.66		
武夷山市	8668.20	305.70	0.00	287.28	92.80	9.85	9363.83		
延平区	2841.97	144.59	0.50	86.07	245.81	54.84	3373.78		
政和县	3064.97	122.61	0.00	220.30	141.01	54.78	3603.68		
浦城县	14199.81	441.72	1.27	695.54	272.05	199.42	15809.81		
合计	84394.58	5121.63	65.83	2418.54	1991.59	624.96	94617.13		

表3.3 南平市国有自然资源资产"一套表"（森林资源）

区（县）	公益林									商品林						
	防护林		特用林		毛竹			其他林（含疏林等）		用材林		新炭林		毛竹林		其他林（含疏林等）	
	面积(hm²)	蓄积量(万m³)	面积(hm²)	蓄积量(万m³)	面积(hm²)	株数(万株)	面积(hm²)	蓄积量(万m³)	面积(hm²)	蓄积量(万m³)	面积(hm²)	蓄积量(万m³)	面积(hm²)	株数(万株)	面积(hm²)	蓄积量(万m³)
光泽县	6706.33	60.53	6424.69	70.51	758.66	1.71	21.22	0.00	9154.46	76.68	0.00	0.00	243.69	0.74	393.10	0.00
建瓯市	933.60	16.20	383.65	8.86	59.84	1.77	17.01	0.00	601.63	15.26	0.00	0.00	0.00	0.00	28.62	0.00
建阳区	5687.24	70.93	4985.53	71.64	138.88	30.51	402.53	0.00	6322.21	91.59	1.93	0.03	15.62	0.42	521.88	0.04
邵武市	3702.36	69.56	11071.90	167.97	2247.87	360.69	258.62	0.00	27097.82	383.94	0.02	0.00	407.15	60.20	1891.81	0.00
顺昌县	3425.51	68.48	2439.48	44.20	1194.13	166.48	19.84	0.44	24448.23	396.16	12.40	0.10	1998.05	7.76	1574.33	0.91
松溪县	486.90	8.48	701.13	8.86	8.69	1.25	261.63	0.00	5333.84	66.05	0.00	0.00	166.16	20.48	475.92	0.05
武夷山市	3192.79	34.68	8638.11	112.35	2457.20	545.55	869.66	0.36	10204.26	136.15	0.00	0.00	627.35	115.01	742.97	0.12
延平区	3207.10	59.04	2494.40	49.46	145.70	23.92	105.10	0.00	11479.32	195.47	0.00	0.00	169.92	37.70	420.26	0.44
政和县	1728.29	28.86	527.73	9.10	28.42	6.30	346.91	0.31	7037.73	110.70	14.58	0.00	1577.09	325.45	1697.32	0.79
浦城县	8748.22	81.47	225.32	2.15	334.20	70.32	704.95	0.06	20705.67	215.29	0.00	0.00	623.91	134.36	1403.28	1.41
合计	37818.34	498.24	37891.94	545.12	7373.59	1208.50	3007.46	1.17	122385.17	1687.30	28.93	0.13	5828.93	702.13	9149.49	3.76

表3.4 南平市国有自然资源资产"一套表"(河流资源)

序号	河流名称	河流发源地	河流出口	集水面积（km²）	河流长度（km）	年平均径流量（万m³）	水质
1	崇溪（建溪主源）	岚谷乡樟村东坑	武夷山市武夷山水文站	1078.0	64	136015	Ⅱ
2	岚谷溪		武夷山市客口	133.0	24	15428	
3	大浑溪		武夷山市溪洲	60.9	17	7430	
4	崩埂溪		武夷山市姐妹桥	103.0	23	12875	
5	西溪		武夷山城关	407.0	43	52096	Ⅱ
6	黄柏溪		武夷山市赤石	260.0	43	33800	Ⅲ
7	梅溪		武夷山市角亭	276.0	49	33120	Ⅱ
8	九曲溪		武夷山市武夷宫	536.0	61	71288	
9	潭溪		武夷山市南岸	267.0	42	30438	Ⅱ
10	澄浒溪		武夷山市兴田	155.0	31	18445	
11	后崇溪		建阳区芹口	172.0	34	18576	
12	由原溪		建阳区水东	84.1	20	8831	
13	麻阳溪		建阳区城关	1568.0	133	185024	Ⅱ
14	黄坑溪		建阳区广贤	110.0	21	15180	
15	七宝溪		建阳区新坪	117.0	26	14157	
16	江坊溪		建阳区江坝	112.0	26	13328	
17	书莒溪		建阳区莒口	247.0	44	25441	Ⅱ
18	长埂溪		建阳区杭桥	54.8	16	6028	
19	茶马溪		建阳区马伏	163.0	41	16463	
20	周墩溪		建阳区梁布农场	50.0	14	5050	
21	建溪		建阳区建阳水文站	4848.0	125	592877	Ⅱ
22	徐宸溪		建阳区宸前	235.0	33	22560	Ⅱ
23	澄溪		建阳区马岚	84.9	23	8915	
24	漳溪		建阳区回龙	302.0	35	30100	Ⅱ
25	仁山溪		建阳区营头	116.0	19	12064	
26	下乾溪		建阳区小湖	246.0	50	24354	Ⅱ

（续）

序号	河流名称	河流发源地	河流出口	集水面积（km²）	河流长度（km）	年平均径流量（万m³）	水质
27	吉阳溪		建瓯市丰乐	213.0	39	20022	Ⅱ
28	东边溪		建瓯市上溪口	106.0	24	9858	
29	桂美溪		建瓯市溪口	59.4	11	5405	
30	小松溪		建瓯市马汶	225.0	51	21150	Ⅲ
31	垱阳溪		建瓯市川石	89.6	25	8870	
32	后山溪		建瓯市溪口	161.0	30	16905	
33	水源溪		建瓯市党口	328.0	40	36080	Ⅱ
34	东游溪		建瓯市东游	53.7	12	5102	
35	溪屯溪		建瓯市垱上	239.0	44	23900	Ⅱ
36	溪东溪		建瓯市箬溪	169.0	29	16562	
37	记源溪		建瓯市湖头	89.0	19	8633	
38	上屯溪		建瓯市东溪口	72.9	26	6707	
39	松溪		建瓯市城关	4778.0	198	487356	Ⅱ
40	建溪		建瓯市七里街水文站	14787.0	192	1589414	Ⅱ
41	小桥溪		建瓯市白沙	475.0	71	45125	Ⅲ
42	集瑞溪		建瓯市南雅	96.6	20	8694	
43	高阳溪		建瓯市房村	503.0	61	44264	Ⅱ
44	皇康溪		延平区延安	86.7	20	7543	
45	建溪		延平区延福门	16400.0	257	1731547	
46	沙溪（闽江主源）		延平区沙溪口	11793.0	328	1096839	Ⅱ
47	富屯溪		延平区沙溪口	13730.0	318	1489440	Ⅱ
48	溪口溪		延平区上溪口	72.4	21	6226	
49	照溪		延平区照口	194.0	31	18430	
50	王台溪		延平区王台	119.0	18	10115	
51	西芹溪		延平区西芹	221.0	36	18343	Ⅲ
52	闽江		延平区十里庵水文站	42320.0	351	4351968	Ⅱ

（续）

序号	河流名称	河流发源地	河流出口	集水面积（km²）	河流长度（km）	年平均径流量（万m³）	水质
53	徐洋溪		延平区夏道	83.8	20	6955	
54	吉溪		延平区吉溪	591.0	81	50826	Ⅲ
55	斜溪		延平区斜溪	146.0	26	11972	
56	岳溪		延平区岳溪	97.2	20	7873	
57	新岭溪		延平区新岭	283.0	54	22923	Ⅳ
58	武步溪		延平区溪口	499.0	68	40419	Ⅱ
59	高洲溪		延平区高洲	305.0	54	24705	
60	竹口溪		松溪县桥下坑	292.0	35	32120	
61	渭田溪		松溪县旧县	304.0	38	32518	Ⅱ
62	水口溪		松溪县旧县	50.3	19	5030	
63	七里溪		松溪县城关	111.0	25	11100	
64	松溪		松溪县松溪水文站	1629.0	87	170610	Ⅱ
65	杉溪		松溪县杉溪	331.0	43	33100	Ⅱ
66	新铺溪		松溪县梅口	60.7	17	6070	
67	界溪		政和县新口	105.0	19	10500	
68	七星溪		政和县西津	729.0	64	76545	Ⅲ
69	梅龙溪		政和县山坪	144.0	17	14400	
70	龙潭溪		政和县城关	183.0	33	20130	Ⅲ
71	穆阳溪（蛟龙溪）		政和县芹山下	259.0	32	32375	Ⅱ
72	霍童溪（翠溪）		政和县翠溪	286.0	33	35750	
73	墩上溪		光泽县太安桥	50.4	17	6955	
74	儒茶溪		光泽县寨里	203.0	35	27405	Ⅱ
75	清溪		光泽县桃林	348.0	53	47328	Ⅰ
76	汉溪		光泽县水西	159.0	30	21306	
77	金陵溪		光泽县砖瓦厂	53.7	25	7088	

（续）

序号	河流名称	河流发源地	河流出口	集水面积（km²）	河流长度（km）	年平均径流量（万m³）	水质
78	沙坪溪		光泽县仙华洲	118.0	29	15458	
79	西溪		光泽县城关汇合口	843.0	97	106218	Ⅱ
80	李水溪		光泽县水利局农场	71.7	25	8819	
81	止马溪		光泽县水口	134.0	30	17018	Ⅱ
82	大乾溪		邵武市大乾	179.0	28	23449	
83	大赖溪		邵武市龙斗	65.3	22	8163	
84	漠口溪		邵武市漠口站	72.0	19	9144	
85	古山溪		邵武市城关	214.0	38	25466	Ⅳ
86	故县溪		邵武市故县	91.7	26	11187	
87	同青溪		邵武市同青桥	246.0	41	26076	Ⅱ
88	晒口溪		邵武市晒口	158.0	31	18328	
89	石壁溪		邵武市石壁溪	61.2	20	6732	
90	大竹溪		邵武市大竹	88.8	17	8702	
91	密溪		邵武市密溪口	71.5	24	6578	
92	朱坊溪		邵武市陈墩	159.0	25	14469	
93	水口寨溪		邵武市水口寨	308.0	53	27720	Ⅱ
94	下黄街溪		邵武市下黄街	64.8	18	7128	
95	仁寿溪		顺昌县埔上	502.0	55	44176	Ⅱ
96	楼杉溪		顺昌县洋坊	137.0	28	12467	
97	蛟溪		顺昌县蛟溪	132.0	28	12012	
98	派溪		顺昌县五里亭	66.9	22	5887	
99	麻溪		顺昌县麻溪	145.0	38	12615	
100	鹭鹚溪		顺昌县鹭鹚口	268.0	44	23316	Ⅱ
101	柘溪	忠信苏州岭	管厝水口	390.1	45.9	41096	Ⅱ类
102	寨门溪	忠信坑尾	忠信游枫	64.2	14	6763	
103	排栅溪	忠信铁树坞	忠信排栅	50.0	15.6	5267	
104	官田溪	大福罗山	管厝水口	166.5	30.8	19900	

（续）

序号	河流名称	河流发源地	河流出口	集水面积（km²）	河流长度（km）	年平均径流量（万m³）	水质
105	岩步溪	小福罗山	管厝上村	53.9	18.2	6442	
106	马莲河	黄茅山岗	下星桥	145.8	25.2	17500	Ⅱ~Ⅳ类
107	桐源溪	香茹山	莲塘楼下	51.0	19.0	6121	Ⅱ类
108	下沙溪	莲塘官桥	莲塘大碓	55.0	17.8	6600	
109	大石溪	富岭塘溪	万安浦潭	622.5	49.8	65100	Ⅱ类
110	员盘溪	富岭大洋山	富岭余塘	72.1	19.3	7070	
111	浮流溪	管厝九坞垄	富岭茅洋	105.9	32.6	9770	
112	临江溪	古楼里鲍	水北下坊	575.9	61.1	63100	Ⅲ~Ⅳ类
113	连源溪	古楼黄茅山岗	永兴庵后	59.7	22.0	6260	
114	龙下溪	永兴鸡乾山	永兴新建	50.9	18.0	5590	
115	山下溪	山下燕仔岩	临江铁炉	132.3	25.7	15700	
116	岩鼻河	水北黄泥凹	水北管坦	97.9	19.8	9030	
117	石陂溪	黄山仔	石陂葛墩	179.1	26.7	21800	
118	濠村溪	濠村后濠	濠村连瓯	74.1	19.8	7390	
119	盘亭溪	毛处上源头	盘亭二度关	44.05	46.8	42791	
120	九牧溪	渔梁岭背	盘亭车头	138.3	31.1	13100	
121	古楼溪	古楼铸岭头	古楼茶梨坑	92.3	13.2	10600	
122	南浦溪	管厝水口	濠村濠岭	2663.6	87.3	280600	Ⅱ~Ⅲ类

表3.5　南平市国有自然资源资产"一套表"（大中型水库资源）

序号	所在县（市）	所在乡（镇）	名称	水库主要功能（供水、灌溉、发电等）	总库容（万m³）	主坝坝型
1	武夷山市	吴屯乡	东溪	防洪、供水、灌溉、发电	16400.0	闸坝
2	延平区	西芹镇	沙溪口电站	防洪、发电	11270.0	支墩坝
3		王台镇	照口电站	防洪、发电	5829.0	闸坝
4		峡阳镇	峡阳电站	防洪、发电	4173.0	闸坝

（续）

序号	所在县(市)	所在乡(镇)	名称	水库主要功能(供水、灌溉、发电等)	总库容(万m³)	主坝坝型
5	邵武市	水北镇	金龙电站	防洪、发电	2138.0	砼重力坝
6		吴家塘镇	金溽电站	防洪、发电	3098.7	砼重力坝
7		拿口镇	千岭电站	防洪、发电	2600.0	砼重力坝
8		卫闽镇	金卫电站	防洪、发电	3395.0	砼重力坝
9		卫闽镇	下洒口电站	防洪、发电	1193.0	自动翻板坝
10	建瓯市	顺阳乡	小赤院	防洪、供水、灌溉、发电	1276.0	心墙坝
11		玉山镇	洋后	防洪、灌溉、发电	4759.0	土石混合坝
12		徐墩镇	北津电站	防洪、发电	9446.0	重力闸坝
13		徐墩镇	红湖电站	防洪、发电	2200.0	重力闸坝
14		徐墩镇	杨墩电站	防洪、发电	2775.0	翻板坝
15	建阳区	小湖镇	黄塘甲电站	发电	3312.0	砼重力坝
16		黄坑镇	雷公口电站	防洪、供水、灌溉、发电	5231.0	拱坝
17		徐市镇	宸前电厂电站	防洪、发电	1630.0	闸墩坝
18	顺昌县	大干镇	富昌电站	防洪、发电	1658.0	混凝土支墩坝
19		洋口镇	洋口电站	防洪、发电	6207.0	混凝土重力坝
20		元坑镇	谟武电站	防洪、发电	2960.0	混凝土重力坝
21		双溪街道	下沙电站	防洪、发电	3000.0	混凝土连拱坝
22	浦城县	富岭镇	高坊	防洪、灌溉、发电	3010.0	双曲拱坝
23		管厝乡	东坑	防洪、灌溉、发电	1591.0	刚性斜墙坝
24		连塘乡	东风	防洪、供水、灌溉、发电	2110.0	土石混合坝
25		石陂镇	旧管水库	灌溉、发电	2470.0	浆砌石重力坝

（续）

序号	所在县（市）	所在乡（镇）	名称	水库主要功能（供水、灌溉、发电等）	总库容（万m³）	主坝坝型
26	浦城县	永兴镇	龙岭下	防洪、灌溉、发电	1448	砌石拱坝
27		水北街镇	太平桥电站	灌溉、发电	1116	橡胶坝
28	光泽县	寨里镇	高家	防洪、灌溉、发电	3886	浆砌石拱坝
29		寨里镇	霞洋	防洪、灌溉、发电、养殖	4292	浆砌石空腹重力坝
30	松溪县	花桥乡	茶州电站	防洪、灌溉、发电	2700	混凝土重力坝
31		郑墩乡	前进电站	防洪、发电	1040	闸坝
32	政和县	东平镇	界溪	防洪、供水、灌溉、发电	1750	砌石拱坝
33		杨源乡	洞宫电站	灌溉、发电、养殖	1268	浆砌石重力坝
34		澄源乡	下楫洋电站	灌溉、发电	4471	浆砌石双曲拱坝
35		星溪乡	宝岭电站	防洪、灌溉、发电	1030	浆砌石双曲拱坝

统计得到南平市拥有大中型水库35座，总库含量12.67亿m³用于防洪的水库共30座，用于发电的水库共35座，用于供水的水库共4座，用于灌溉的水库共16座，兼顾防洪、发电、供水、灌溉四种功能的水库共5座，库容量达到1亿m³以上大型水库共2座（表3.5）。

南平市拥有各种矿产资源43种，探明矿产资源储量的矿区283个，共49个矿种，主要矿种包括金、银、铜、钼、普通萤石、水泥用灰岩、硫铁矿、建筑用石等。在已探明的矿产中，稀有（稀散）金属类矿产铌、钽，有色金属类矿产铅、锌、锡，非金属类矿产萤石、石墨、透辉石、硫铁矿等的资源/储量在福建省占绝对优势，且大部分勘查工作程度都比较高。此外，金、银矿在福建省的地位亦不可忽略，如金矿成矿地质条件良好，矿（化）点成带分布，已发现多处小型矿床，具有较好的找矿前景（表3.6）。

表3.6 南平市国有自然资源"一套表"（矿产资源）

序号	矿种	资源储量	储量单位
1	煤炭	939.18	万t
2	铁矿	415.81	万t
3	铜矿	164728.11	t
4	铅矿	620154.53	t
5	锌矿	743125.91	t
6	锡矿	802.63	t
7	钼矿	73936.94	t
8	铂族金属	14.00	kg
9	金矿	47926.95	kg
10	银矿	4728.28	t
11	铌矿	187.95	t
12	钽矿	279.93	t
13	铼矿	5.29	t
14	镉矿	396.41	t
15	普通萤石	836.98	万t
16	冶金用白云岩	15.14	万t
17	冶金用石英岩	1.46	万t
18	冶金用脉石英	71.47	万t
19	硫铁矿	1634.89	万t
20	化肥用蛇纹岩	3979.69	万t
21	磷矿	561.80	万t
22	石墨	104.16	万t
23	硅灰石	4.87	万t
24	滑石	85.70	万t
25	长石	77.23	万t

(续)

序号	矿种	资源储量	储量单位
26	叶蜡石	14.88	万t
27	透辉石	376.40	万t
28	水泥用灰岩	19795.92	万t
29	制灰用石灰岩	367.76	万t
30	玻璃用石英岩	990.00	万t
31	水泥配料用砂岩	1327.55	万t
32	建筑用砂	99.15	万m^3
33	玻璃用脉石英	38.50	万t
34	砖瓦用页岩	68.69	万m^3
35	水泥配料用页岩	14.30	万t
36	高岭土	218.26	万t
37	砖瓦用黏土	94.80	万m^3
38	珍珠岩	199.00	万t
39	水泥用大理岩	227.19	万t
40	片石	25.78	万m^3
41	片麻岩	127.42	万m^3
42	建筑用石料（灰岩、砂岩、闪长岩、花岗岩、二长岩、凝灰岩）	2373.24	万m^3
43	饰面用石材（辉绿岩、闪长岩、花岗岩）	1511.48	万m^3

第二节 南平市各产业生产总值大数据分析

一、2018年总体情况

2018年，南平市实现地区生产总值1792.51亿元，居全省九市一区末位，人均GDP比全省人均GDP低24437元（表3.7），是典型的后发展地区。

表3.7 2018年福建省地区生产总值

单位：亿元

地区	地区生产总值	第一产业	第二产业	第三产业	人均GDP(元)
福建省	35804.04	2379.82	17232.36	16191.86	91197
福州市	7856.81	494.66	3204.90	4157.26	102037
厦门市	4791.41	24.40	1980.16	2786.85	118015
莆田市	2242.41	116.27	1179.91	946.23	77325
三明市	2353.72	273.98	1237.90	841.84	91406
泉州市	8467.98	201.80	4885.01	3381.16	97614
漳州市	3947.63	438.58	1887.22	1621.83	77102
南平市	1792.51	291.05	775.80	725.66	66760
龙岩市	2393.30	244.08	1147.27	1001.95	90655
宁德市	1942.80	295.00	968.95	678.85	66878

主要特点有：一是第一产业、第二产业、第三产业总产值均上升。2018年，全市第一产业总产值291.05亿元，同比增长0.8%；第二产业总产值775.80亿元，同比增长8.3%；第三产业总产值725.66亿元，同比增长7.5%。二是第一产业、第三产业比重上升，第二产业比重回落。2018年，三次产业结构为16.2∶43.3∶40.5。三是第一产业贡献率上升，第二产业、第三业产贡献率回落。2018年，第一产业总产值对GDP的贡献率为2.1%；第二产业总产值对GDP的贡献率为55.1%；第三产业总产值对GDP的贡献率为42.8%。四是第一产业、第二产业、第三产业拉动力均上升。2018年，第一产业总产值拉动GDP增长0.1个百分点；第二产业总产值拉动GDP增长3.7个百分点；第三产业总产值拉动CDP增长2.8个百分点（表3.8）。

表3.8　2018年按产业分的地区生产总值

指标	2017年数值（万元）	2018年数值（万元）	2018年比上年增长（%）	比重（%）	贡献率（%）	拉动力（%）
地区生产总值	16205373	17925130	6.6	100.0	100.0	6.6
第一产业	2789725	2910518	0.8	16.2	2.1	0.1
第二产业	6991223	7758045	8.3	43.3	55.1	3.7
工业	5222409	5737359	8.7	32.0	43.4	2.9
建筑业	1768887	2020741	7.1	11.3	11.7	0.8
第三产业	6424426	7256567	7.5	40.5	42.8	2.8
交通运输、仓储和邮政业	691883	698876	5.2	3.9	3.2	0.2
批发和零售业	905801	946228	5.7	5.3	4.1	0.3
住宿和餐饮业	208619	225230	3.9	1.3	0.7	
金融业	969658	1011863	1.3	5.6	1.1	0.1
房地产业	702883	928354	5.1	5.2	2.6	0.2
其他服务业	2888439	3339754	11.4	18.6	30.5	2.0

二、2017—2018年三次产业增速对比情况

2018年，从三次产业情况看：第一产业生产总值291.05亿元，增长0.8%；第二产业增加值775.8亿元，增长8.3%；第三产业增加值725.66亿元，增长7.5%（表3.9）。

表3.9 2018年南平市及各县（市、区）主要经济指标一览表

单位	全市	延平区	建阳区	邵武市	武夷山市	建瓯市	顺昌县	浦城县	光泽县	松溪县	政和县
地区生产总值（亿元）	1792.51	359.71	207.91	257.72	186.68	266.70	127.88	157.54	98.77	59.72	69.87
增长率（%）	6.60	2.00	7.20	8.00	7.00	8.20	10.70	5.70	7.40	9.80	9.70
其中：第一产业（亿元）	291.05	29.63	36.84	27.50	25.60	48.43	19.17	33.87	40.50	13.05	16.47
增长率（%）	0.80	−15.90	1.30	1.80	4.50	3.70	5.30	4.10	5.50	1.00	2.00
第二产业（亿元）	775.80	178.31	102.93	124.65	72.82	108.41	47.92	57.25	32.25	23.74	27.53
增长率（%）	8.30	5.90	10.50	9.50	5.90	8.90	11.40	3.00	10.20	14.00	12.80
第三产业（亿元）	725.66	151.77	68.15	105.57	88.26	109.86	60.79	66.42	26.02	22.94	25.87
增长率（%）	7.50	2.50	5.40	7.90	8.90	9.60	12.20	9.50	6.90	10.70	12.10
农林牧副渔业总产值（亿元）	514.02	56.27	62.42	47.10	42.54	82.38	32.82	63.08	76.84	21.99	28.59
增长率（%）	0.80	−15.00	1.20	1.70	4.30	3.50	5.10	3.90	5.30	0.90	1.90
农林牧副渔业增加值（亿元）	301.67	32.11	37.90	28.60	26.26	50.22	19.90	35.31	41.03	13.49	16.86
增长率（%）	0.90	−14.70	1.30	1.80	4.40	3.60	5.20	4.00	5.40	1.00	2.00
规模以上工业增加值增长率（%）	8.80	6.20	9.20	7.10	10.00	8.50	10.40	3.40	9.70	9.70	9.50
固定资产投资增长率（含铁路）（%）	10.10	12.90	−10.20	15.00	20.50	12.70	31.60	11.50	17.60	18.30	32.20

（续）

单位	全市	延平区	建阳区	邵武市	武夷山市	建瓯市	顺昌县	浦城县	光泽县	松溪县	政和县
社会消费品零售总额（亿元）	675.09	145.82	67.55	130.47	59.70	96.75	37.80	54.49	24.57	30.13	27.51
增长率（%）	9.70	3.80	10.40	13.30	11.30	13.40	10.90	8.10	9.10	9.30	11.60
公共财政总收入（亿元）	144.14	11.99	17.94	18.70	12.07	14.20	7.81	9.48	6.29	3.84	5.23
增长率（%）	11.00	6.80	11.30	18.10	10.50	20.20	16.80	19.10	3.80	17.00	10.10
地方公共财政收入（亿元）	94.52	7.61	12.85	12.50	8.68	9.55	5.27	6.61	4.49	2.72	3.70
增长率（%）	8.50	5.80	9.70	8.20	8.30	15.00	12.20	13.50	3.70	12.00	6.50
出口总值（上月数）（万元）	983313.00	117456.00	119214.00	230580.00	37943.00	159092.00	91429.00	57711.00	40772.00	35793.00	27549.00
增长率（%）	16.60	15.70	27.50	20.20	2.30	39.90	14.60	-4.60	0.60	57.80	24.90
实际利用外资（验资口径）（万元）	103381.00	9200.00	2750.00	3555.00	7465.00	7700.00	5633.00	4550.00	4000.00	350.00	1200.00
城镇居民人均可支配收入（元）	32484.00	33446.00	33058.00	34398.00	33582.00	32179.00	29705.00	30472.00	29357.00	28560.00	28860.00
增长率（%）	8.00	7.60	8.10	8.50	8.20	7.30	8.50	7.50	8.00	8.00	7.20
农民居民人均可支配收入（元）	15868.00	17473.00	15899.00	18254.00	17293.00	17252.00	15192.00	14488.00	13691.00	12260.00	12535.00
增长率（%）	9.00	8.50	8.60	8.70	9.10	8.20	9.40	9.30	8.90	9.40	9.50

注：1. 由于统计方法制度改革，省、市规模以上工业和投资总量指标暂不对外公布。
2. 由于统计口径调整，实际利用外资无法计算增长率。

第三节 南平市2018年税收收入形势分析

一、收入完成基本情况

2018年，南平市税务部门组织各项收入164.1亿元，同比增收19.5亿元，增长13.5%，其中：税收收入完成122.8亿元，同比增收14.7亿元，增长13.6%；非税收入完成41.3亿元，同比增收4.9亿元，增长13.4%，其中，基本养老保险费收入20.1亿元，同比增加2.8亿元，增长16.4%。同期，税务部门办理直接出口退税5.2亿元，同比增加0.7亿元，增长16.2%；办理免抵调库2亿元，同比增加1亿元，增长101%。此外，海关代征完成0.9亿元，同比增收0.3亿元，增长67%（表3.10）。

表3.10　南平市各项税收完成情况表

单位：万元

项目	累计入库			
	税额	去年同期	同比增减额	同比增减百分比（%）
一、税务部门组织各项收入	1640657	1445368	195289	13.5
（一）税务部门组织税收收入	1227913	1081237	146676	13.6
1.国内增值税	581175	497505	83670	16.8
其中：直接收入	561072	487505	73567	15.1
其中：营改增	273588	240665	32923	13.7
2.国内消费税	32669	31035	1643	5.3
3.营业税	1682	5157	−3475	−67.4
4.企业	243610	201993	41617	20.6
5.个人所得税	88420	81808	6612	8.1
6.资源税	6771	5130	1641	32.0
7.城镇土地使用税	18596	19224	−628	−3.3
8.城市维护建设税	38889	34408	4481	13.0

(续)

项目	累计入库			
	税额	去年同期	同比增减额	同比增减百分比（%）
9.印花税	9490	7390	2100	28.4
10.土地增值税	54277	53947	330	0.6
11.房产税	24228	20615	3613	17.5
12.车机税	8862	7811	1051	13.5
13.车辆购置税	35291	34797	494	1.4
14.烟叶税	13174	20907	−7733	−37.0
15.耕地占用税	11061	15118	−4057	−26.8
16.契税	58472	44392	14080	31.7
17.环境保护税	1244	0	1244	—
（二）税务部门组织非税收入	412744	364131	48613	13.4
1.教育费附加	19959	16925	3034	17.9
2.地方教育附加	13302	11283	2019	17.9
3.文化事业建设费	688	544	144	26.5
4.基本养老保险费	200584	172318	28266	16.4
5.失业保险费	6123	5420	703	13.0
6.医疗保险基金	147559	135380	12179	9.0
7.工伤保险基金	13469	11718	1751	14.9
8.生育保险基金	3798	3630	168	4.6
9.残疾人保障金	2697	2580	117	4.5
10.水利建设基金	2020	2019	1	0
11.税务部门其他罚没收入	397	345	52	15.1
12.工会经费	2149	1968	181	9.2
二、出口退（免）税	72353	54950	17403	31.7
其中：（一）直接出口退税	52250	44950	7300	16.2
其中：（二）免抵调库	20103	10000	10103	101.0
三、海关代征进口税收	8712	5218	3494	67.0

注：表中税收收入合计不包括关税和船舶吨税。

二、税收收入运行主要特点

（一）税收规模平稳增长

2018年，南平市税收收入实现平稳较快增长，收入规模再上新台阶，突破120亿元，达到122.8亿元，同比增长13.6%。

（二）中央级税收增速快于地方级

中央级税收收入完成55.9亿元，同比增长14.6%；地方级税收收入完成66.9亿元，同比增长12.7%，中央级收入增速快于地方级1.9个百分点（表3.11）。税务部门组织的税收收入占地方一般公共预算收入的66.7%，较去年同期提升1.8个百分点。

表3.11 南平市分单位税收收入分级次完成情况表

单元位：万元

征收单位	中央级收入 累计入库			地方级收入 累计入库		
	税额	比上年同期增减		税额	比上年同期增减	
		绝对额	增减百分比（%）		绝对额	增减百分比（%）
全市	558807	71115	14.6	669104	75489	12.7
延平区	141661	11618	8.9	103071	7849	8.2
建阳区	77689	12307	18.8	105180	15928	17.8
邵武市	65968	18771	39.8	91265	8001	9.6
武夷山市	38171	5101	15.4	61195	6995	12.9
建瓯市	50599	10916	27.5	66186	15225	29.9
顺昌县	27293	5458	25.0	37999	7906	26.3
浦城县	33279	7376	28.5	44805	8987	25.1
光泽县	19867	532	2.8	27386	1184	4.5
松泽县	12391	2640	27.1	15305	2285	17.5
政和县	16969	2582	17.9	23413	331	1.4
工业园区	52587	-6877	-11.6	56696	-306	-0.5
市局第一税务分局	22330	687	3.2	36601	1171	3.3

（三）第三产业税收贡献大于第二产业

全市第二产业税收完成51.4亿元，同比增收5.8亿元，增长12.8%；第三产业税收完成70.7亿元，同比增收9.1亿元，增长14.8%，税收增长贡献率达到61.9%，高于第二产业税收21.2个百分点（表3.12）。

表3.12　南平市税收收入分行业完成情况表

单位：万元

项目	累计入库			
	税额	上年同期	同比增减额	同比增减百分比（%）
税收收入合计	1227913	1081237	146676	13.6
一、第一产业	6758	9896	−3138	−31.6
二、第二产业	514177	455684	58493	12.8
建筑业	183229	137699	45530	33.1
电气机械和器材制造业	55791	59386	−3595	−6.1
木材加工和木竹藤棕草制品业	34514	27019	7495	27.7
电力、热力生产和供应业	46171	68226	−22055	−32.3
化学原料和化学制品制造业	45987	34279	11708	34.2
非金属矿物制品业	27681	12074	15607	129.3
酒、饮料和精制茶制造业	14855	9642	5213	54.1
有色金属冶炼和压延加工业	6950	11564	−4614	−39.9
食品制造业	7303	11401	−4098	−35.9
三、第三产业	706978	615657	91321	14.8
商业	195575	151638	43937	29.0
房地产业	213841	170932	42909	25.1
金融业	83502	71220	12282	17.2
商务服务业	45180	39955	5225	13.1
道路运输	14075	12250	1825	14.9
专业技术服务业	7827	8568	−741	−8.6
电信、广播电视和卫星传输服务	5982	8413	−2431	−28.9

（四）区域税收增长分化

市辖区4个征收单位共计完成税收59.6亿元，占全市税收的48.5%，比去年同期下降2.7个百分点。全市12个征收单位除工业园区负增长6.2%，其他均实现不同程度增长，其中，建瓯、浦城、顺昌、松溪和邵武增长均超过20%，建瓯增速比工业园区高35个百分点（表3.13）。

表3.13 南平市分单位税收收入完成情况表

单位：万元

征收单位	累计入库			
	税额	去年同期	同比增减额	增减百分比（%）
全市	1227913	1081237	146676	13.6
延平区	244731	225265	19466	8.6
建阳区	182874	154638	28236	18.3
邵武市	157233	130460	26773	20.5
武夷山市	99366	87269	12097	13.9
建瓯市	116785	90644	26141	28.8
顺昌县	65293	51927	13366	25.7
浦城县	78084	61721	16363	26.5
光泽县	47253	45537	1716	3.8
松溪县	27695	22770	4925	21.6
政和县	40383	37468	2915	7.8
工业园区	109282	116466	−7184	−6.2
市局第一税务分局	58932	57072	1860	3.3

总体来讲，2018年南平市税收收入总量稳步上升，发展态势向好，但增速和具体行业有所波动。地税高于国税，一方面说明财税对地方发展有着重要的支撑，另外一方面也说明地方中小企业较多，缺乏有实力的大企业。地方税收对地方发展有着直接作用。从南平市近5年的地税收入看，主要的问题有：①第一、二、三产业的税收收入结构严重失衡，第三产业一家独大，第一产

业的比重偏低，其原因并非第二产业和第三产业发达，而是第一产业开发程度低、附加值低，发展不充分。②地方税收对房地产行业和企业的依赖性过强，具有不可持续性，稳定性差。③第一产业财税贡献度低，尤其是农、林、牧、副、渔领域缺乏有实力的大企业和农业产业园区。④第三产业地税贡献最多的行业是房地产业，而旅游业作为南平支柱产业，在第三产业地税税收占比太小，南平旅游业以小微企业和个体户为主，缺乏现代旅游龙头企业。

南平市的可持续发展需要大力增加当地财政收入，增强自身造血能力。针对南平市的现状，需要围绕第一产业和第三产业中的南平特色优势资源，通过多种方式积极培育优质企业，通过龙头企业引领，进行深度开发，延伸产业链，形成第一、二、三产业联动，充分发挥倍增效应，增加南平市地方财税收入，增加就业和消费，增强地方财力。

通过本章对南平市自然资源及产业现状的统计分析，理清南平自然资源存量和产业体量，为生态银行前端收储奠定了数据基础。数据显示，南平市是典型的资源富集后欠发达地区。如何推动自然资源改革，发挥好自身的资源优势、生态优势，把生态资源转化为经济效益，是南平发展需要解决的现实问题。但考虑到南平市作为国家级生态示范区，承担水源涵养、水土保持和生物多样性维护等多项重要生态功能，在产业选择上要尊重生态承载力，在GDP增长的同时要保证自然资源保值增值，需要对其生态系统服务价值进行核算，定量描述。

第四章

南平市生态系统
服务价值核算

金色田野/陶山福摄

生态银行在运营自然资源资产时，需对区域生态系统服务价值进行科学评估，在GEP保值增值的目标下，进行产业选择。生态系统服务价值核算是评估生态保护成效与生态效益的科学方法，是完善政绩考核制度与生态补偿制度的科学依据。有关生态系统服务价值核算方法尚未形成一套统一的评估体系，对核算范围、内容、方法以及指标体系、参数取值等选择各有不同也导致研究结果之间存在较大差异。本章采用当量法通过核算南平市2009、2017年生态系统服务价值，以期借助其变化趋势定量刻画南平市生态系统运行的总体状况，明确其生态系统所提供的产品和服务价值，使之成为引导生态保护与生态建设方向、评估生态保护与生态建设成效的工具。

第一节　生态系统服务价值核算

一、生态系统价值核算工作开展背景

党的十八大以来，生态文明建设提高到前所未有的理论高度，成为统筹推进"五位一体"总体布局和协调推进"四个全面"战略布局的重要内容。党的十九大进一步将建设生态文明上升为中华民族永续发展的"千年大计"。按照党中央总体部署，生态文明顶层设计和制度体系建设相继推进，生态文明建设目标评价考核、自然资源资产离任审计、生态保护补偿等制度出台实施，绿色金融和绿色消费发展等政策制定并开始实施。

2015年发布的《中共中央　国务院关于加快推进生态文明建设的意见》进一步要求"建立体现生态文明要求的目标体系、考核办法、奖惩机制，把资源消耗、环境损害、生态效益等指标纳入经济社会发展综合评价体系，不唯经济增长论英雄。"但是，在当前生态文明建设过程中，仍然面临着生态资本服务价值难以"算账"的基础性难题，导致政绩考核、日常工作评价和相关投资决策缺乏科学依据，绿色发展的市场化激励机制严重不足等问题，绿色发展仍然主要靠政府提供的公共产品或社会组织和个人从事的公益慈善活动，还没有真正成为市场主体的日常经济行为。2016年，中共中央办公厅、国务院办公厅印发了《关于设立统一规范的国家生态文明试验区的意见》及《国家生态文明试验区（福建）实施方案》，提出在福建开展生态文明体制改革综合试验，规范各类试点示范，为完善生态文明制度体系探索路径、积累经验。

总体来看，要把习近平总书记"绿水青山就是金山银山"的重要思想落到实处，加快推动生态文明建设和绿色发展，必须要解决生态资本服务价值可度量、可核算这一关。

南平市作为国家级生态示范区，承担水源涵养、水土保持和生物多样性维护等重要生态功能，关系福建省的生态安全，也是南平市开展生态文明建设的主要任务之一。

二、生态系统价值核算相关概念

生态系统服务价值评估是生态环境保护、生态功能区划、环境经济核算和生态补偿决策的重要依据和基础。

20世纪70年代以来，生态系统服务（ecosystem services）开始正式成为一个科学术语，并由此出现了供给服务、支持服务、调节服务、文化服务等内涵性概念，以及生态资产、自然资产、生态系统生产总值等外延性概念。综合相关文献对以下概念进行了梳理。

（1）生态系统（ecosystem）：植物、动物、微生物群落和非生物环境组成的一个动态复杂的且相关作用的功能单元（肖笃宁等，1997）。

（2）生态系统功能：与生态系统维持其完整性（如初级生产力、食物链、生物地球化学循环）的一系列状态和过程相关的生态系统的内在特征，包括分解、生产、养分循环以及养分和能量的通量变化等过程（duraiappah et al., 2014；于书霞等，2004）。

（3）生态系统服务：对人类生存及生活质量有贡献的生态系统产品和生态系统功能，包括供给服务、调节服务、文化服务以及支持服务（Daily et al., 1992）。

（4）生态系统服务价值：指人类直接或间接地从生态系统功能中获得的收益，主要包括生态系统产品供给服务、调节服务、支持服务、文化服务（欧阳志云等，1999；谢高地等，2001，2003）。

（5）生态系统生产总值（gross ecosystem product，GEP）：生态系统为人类福祉和经济社会可持续发展提供的各种最终产品与服务价值的总和，主要包括生态系统提供的物质产品、调节服务和文化服务。生态系统生产总值是对生态系统服务价值的具体核算（欧阳志云等，2013；廖薇，2019）。

（6）生态资产：生态系统中具有产权、可交换等属性，可以用成熟的资产评估理论和方法评估的生态功能与产品，其实物量可以用面积、生物量和蓄积量等指标来描述，价值量为在市场和非市场交换中，取得这种生态资产所有权的一次性交易价值（李虹，2011；高吉喜等，2016）。

（7）支持服务：对于其他生态系统服务的生产所必需的那些服务。支持服务与供给服务、调节服务及文化服务的区别在于：支持服务对人类的影响常常具有间接性，或者持续较长的时间，而其他服务对人类的影响常常是直接的，并且持续时间较短（某些服务，例如，侵蚀调节，依据时间尺度的长短和对人类影响的直接性特征，既可能被认识是支持服务，也可能被认为是调节服务）。（谢高地等，2015a；王宏伟等，2019）。

（8）供给服务：反映一个生态系统对经济系统提供的产品或能量的贡献。生态系统在一定时间内提供的各类产品的产量，可以通过现有的经济核算体系获得（谢高地等，2015b）。

（9）调节服务：指生态系统调节气候、水文、生化周期、地表过程以及各种生物过程的能力，包括调节气候、调节水文、保持土壤、调蓄洪水、降解污染物、固碳、释氧、传播植物花粉、控制有害生物、减轻自然灾害等生态调节功能（谢高地等，2015a）。

（10）文化服务：指从生态系统的物理环境、位置等获得的娱乐、文化、精神思考等方面的知识和象征性利益的情况。文化服务比供给服务和调节服务更难定义，因为它们反映了人类与生态系统关系的性质，而非直接提取资源或使用生态系统过程。有些文化服务对经济活动有直接贡献，如生态系统为人们提供旅游生产和休闲服务的机会；有些文化服务隐含在土地所有权中，例如，风景的舒适性价值（李家兵等，2003）。

三、生态系统价值评估框架

Costanza（1997）对全球生态系统服务进行了评估，该研究引起了强烈反响，拉开了生态系统服务评估的帷幕，不同尺度的生态系统服务评估研究纷纷呈现。不同土地利用类型具有不同的生态服务功能与价值。中国陆地生态系统服务价值空间分布数据集是以全国陆地生态系统类型遥感分类为基础的，生态系统类型包括：旱地、农田、针叶林、针阔混交林、阔叶林、灌木林、草原、灌草丛、草甸、湿地、荒漠、裸地、水系、冰川积雪、人工表面（包括建筑用地、工矿用地）15个二级类和农田、森林、草地、湿地、荒漠、水域6个一级类。

2003年，谢高地等在Costanza对全球生态资产评估的基础上，制定出我国生态系统生态服务价值当量因子表（表4.1）（谢高地等，2003），同时，指出生态系统的生态服务功能大小与该生态系统的生物量有密切关系，通过生物量参数进行订正以反映出生态系统服务价值的区域差异，这一方法被广泛采纳和引用。将生态系统服务概括为供给服务、调节服务、支持服务、文化服务4个一级类型（谢高地等，2003；李晓赛等，2015），在一级类型之下进一步划分出11种二级类型。其中，供给服务包括食物生产、原材料生产和水资源供给3个二级类型；调节服务包括气体调节、气候调节、净化环境、水文调节4个二级类型；支持服务包括土壤保持、维持养分循环、维持生物多样性3个二级类型；文化服务则主要为提供美学景观服务1个二级类型。

表4.1　谢高地等的核算框架与评估方法（谢高地等，2003）

服务分类体系	二级指标	评估方法
供给服务	食物生产	单位面积生态系统价值当量因子法
供给服务	原材料生产	单位面积生态系统价值当量因子法
供给服务	水资源供给	单位面积生态系统价值当量因子法
调节服务	气体调节	单位面积生态系统价值当量因子法
调节服务	气候调节	单位面积生态系统价值当量因子法
调节服务	净化环境	单位面积生态系统价值当量因子法
调节服务	水文调节	单位面积生态系统价值当量因子法
支持服务	土壤保持	单位面积生态系统价值当量因子法
支持服务	维持养分循环	单位面积生态系统价值当量因子法
支持服务	维持生物多样性	单位面积生态系统价值当量因子法
文化服务	提供美学景观服务	单位面积生态系统价值当量因子法

第二节 生态系统服务价值核算方法

生态系统核算并不是一个标准化的概念，Edens和Hein（2013）认为将生态系统资产和生态系统服务融入国民账户体系（system of national accounts，SNA）是生态系统核算的主要内容。European Commission（欧盟委员会）也号召其成员国到2020年之前将国土范围内的生态系统资产和生态系统服务价值融入各自的核算和报告体系。可以认为，生态系统核算旨在将生态系统服务和生态系统资产的实物量和价值量信息纳入国民经济核算体系，是一个更为综合的方法（赫维人，1997；潘勇军，2013）。基于市场理论的生态系统服务价值评估方法从评估过程的角度分类则主要分为直接评估法和间接评估法，其中直接评估法又分为客观评估法和主观评估法，间接评估法又分为能值转换法和物质转换法两类。

一、直接评估法

基于市场理论的生态系统服务价值直接评估法是指直接基于市场理论（市场价值法、替代成本法、条件价值法等）直接对生态系统服务指标进行定量评估的方法，是最早使用也是最简单的生态系统服务价值评估方法（李丽等，2018）。该方法主要分为两种，一种是客观评估法，根据实际或替代物质量的价值进行评估，即利用实际市场法或替代市场法进行评估；一种是主观评估法，根据条件选择或人们的主观感受来进行评估，即利用虚拟市场法进行评估。其中，客观评估法的数据来源主要是地面站点、文献资料、区域年鉴等统计资料；主观评估法的数据来源主要是科学的问卷调查。

对不同的生态系统服务开展价值评估时会因所选用的评估方法不同而导致评估结果差异较大。不同的服务价值定价法具有不同的适用范围，在实际应用中，针对具体的评估案例，必须从生态环境的整体性出发，进行多角度分析，选取最佳的价值评估方法（刘化吉等，2011）。

遥感（RS）、地理信息系统（GIS）空间技术的出现，弥补了直接评估法中"以点代面"的缺陷，具有时间和空间上的优势，能够为生态系统过程和服务研究提供数据支持，阐明不同尺度生态系统过程和服务的动态特征以及尺度的变异性（傅伯杰，2010）。

二、间接评估法

基于市场理论的生态系统服务价值间接评估法大多就是利用空间数据进行模型反演、GIS分析等来开展生态系统服务价值评估。生态系统服务价值间接评估法是指经过转换得到生态系统服务价值的评估方法（李丽等，2018）。该方法主要分为两类：一类是能值转换法，即通过基础数据利用模型或算法转换为太阳能值后进行价值评估的方法；另一类是物质转换法，即通过基础数据，利用模型或算法转换为最终或中间物质量后进行价值评估的方法（陈龙等，2019），又可分为最终物质转换法和中间物质转换法。本研究使用中间物质转换法的价值当量法。

中间物质转换法的中间物质量模拟主要是基于GIS、RS技术和空间数据开展。中间物质转换法是通过基础数据利用模型或算法计算中间物质量后转换为最终物质量进行价值评估的方法，其评估过程为：首先，基于生态模型计算生态系统中间服务物质量；然后，根据中间服务产生最终服务的原理，结合生态系统服务价值评估市场理论，得到生态系统最终服务价值。供给、调节、文化服务均可以中间物质转换法来开展生态系统服务价值评估。

获取中间物质量后要经过转换，最终才能得出生态系统的服务价值。中间物质转换法主要有两种：一种是基于生态模型反演中间物质量，明确中间服务物质量与最终服务价值的关系，结合生态系统服务价值评估市场理论，得到生态系统最终服务价值；另一种是基于价值当量法（谢高地等，2003；夏淑芳等，2019），即利用生态系统面积与单位面积生态系统服务价值相乘来得到生态系统最终服务价值。价值当量法应用广泛，即根据已有的单位面积生态系统服务价值乘以对应的面积进行计算，其中，国外常以Costanza（1997）提出的单位面积价值当量为基础，国内常以谢高地（2003，2008，2015）提出的单位面积价值当量为基础。基于物质转换法开展生态系统服务价值评估时较高程度地依赖于土地利用数据、NDVI（normalized difference vegetation index，归一化植被指数）、LAI（Leaf Area Index，叶面积指数）数据等（de Araujo Barbosa et al., 2015），因此，对这些数据的分辨率以及分类精度等要求较高。

目前对区域生态系统服务价值评估研究还没有形成统一的价值核算方法，评估结果也存在较大差异。当量因子法在评估区域生态系统服务价值上具有方法简单、评估全面，且能充分考虑评估区域生态系统特点和地区特性的优势。因此，将该法应用于南平市系统服务价值评估。

第三节 南平生态系统服务价值核算

一、生态系统类型面积

（一）生态系统类型划分及面积统计

1. 监督分类

为了保证土地利用分类结果既科学又符合研究区实际状况，且能够满足生态系统服务价值研究需要，本研究参照《土地利用现状分类》(GB/T 20101—2007)，在土地资源的遥感调查中依据土地利用方式的属性（郭璞璞，2016），同时结合遥感资料的精度对实地部分修订，把土地利用类型划分为森林、草地、建设用地、水系和湿地、荒漠、裸地七大类型。具体步骤如下：①建立解译标志。建立要识别的各类地物的解译标志。②监督分类。利用ENVI（遥感图像处理）软件采用最大似然法进行监督分类。③检验纠正。参照谷歌地图和土地利用现状图，用人工目视解译法检验纠正。分类后处理。若分类结果中产生一些面积很小的小图斑，则需要剔除这些小斑点，可利用聚类统计和去除分析功能对分类专题图像进行处理，生成土地利用分类图。④精度检验。利用ENVI软件计算分类混淆矩阵和Kappa指数检验分类精度，当精度均在80%以上，可以满足使用要求，得到两个时期的南平土地利用分类情况。

2. 生态系统类型面积现状及变化

从土地利用地现状图（图4.1）和生态系统面积统计表（表4.2）中可以看出，南平市2009年和2017年土地利用变化不大，利用类型以林地面积最大。从土地利用现状图可以看出，2009年和2017年变化最突出的是建设用地的扩张，集中在建阳市、松溪县等地。2009年,林地面积占总面积的74.7%,属于优势类型,其次为农田用地,占总面积11.44%;2017年各类土地利用类型面积大小排序为森林>农田>建设用地>水域。

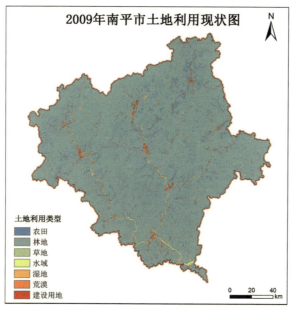

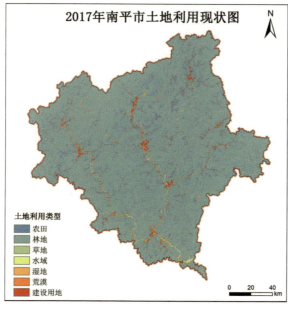

图4.1　南平市2009年和2017年土地利用现状

表4.2　2009年和2017年各大生态系统面积及比例

生态系统类别	面积（km²）		比例（%）	
	2009年	2017年	2009年	2017年
森林生态系统	20555.56	20494.23	82.58	82.18
农田生态系统	2848.49	2835.97	11.44	11.37
湿地生态系统	138.14	135.61	0.55	0.54
水系生态系统	337.93	336.00	1.36	1.35
合计	23880.12	23801.81	95.93	95.44

二、生态系统服务功能价值核算

生态系统服务功能价值核算主要分为以下步骤实现。

1．单位面积生态系统服务价值的当量确定

基于谢高地等（2008）提出的"中国生态系统单位面积生态服务价值当量"（表4.3），结合南平土地利用一级分类结果，实现了对该地区生态系统服务价值的评估。表4.3中将1hm²全国平均产量的农田每年自然粮食产量的经济价值定义为1，其他生态系统服务价值当量因子是指该生态系统产生的生态服务相对于农田食物生产服务的贡献大小（谢高地等，2003），在此不考虑人工表面的生态系统服务价值。

2．单位面积生态系统服务价值系数计算

参考2010—2018《中国粮食年鉴》中的南平年中各粮食作物的播种面积、粮食单产以及对应的全国平均价格，利用公式（1）（幸绣程等，2017；王小莉等，2018）确定单位面积农田食物生产服务经济价值：

$$E_{at}=\frac{1}{7}\sum_{i=1}^{n}\frac{s_{it}P_{it}q_{it}}{S_t}\ (i=1,2,\cdots n) \qquad (1)$$

式中，E_{at}为单位面积农田生态系统在第t年提供的食物生产服务功能的经济价值（元/hm²）；i为研究区粮食作物的种类，南平的主要作物有稻谷、小麦、玉米和大豆；n为研究区的粮食作物种类和，在此$n=4$；S_{it}为第i种粮食作物研究区在第t年的种植面积（hm²）；St为第n种粮食作物在第t年总的种植面积（hm²）；P_{it}为第i种粮食作物在第t年的全国平均价格（元/kg²）；q_{it}为第i种粮食作物在第t年的单产（kg/hm²）。1/7是指在没有人力投入的自然生态系统提供的经济价值是现有单位面积农田提供的食物生产服务经济价值的1/7（魏同洋，2015）。

3. 当量因子与基准单价的修正

以中国生态系统单位面积生态服务价值当量（表4.3）为基础，在土地利用类型与生态系统类型及价值当量的对应上草地取草原、灌木丛、草甸三者的平均值；建设用地生态系统服务价值取0；其他土地利用类型一一对应表4.3。搜集研究区主要粮食作物单产、面积、全国平均价格等相关数据，计算出2017年南平1个生态系统服务价值当量因子的经济价值（元/hm²）。同时，参考谢高地等对我国生态系统服务价值进行的区域修正结果（福建省修正系数为1.56）（谢高地等，2005），将表4.3数据修正到南平生态系统单位面积生态服务价值当量表中。最后，得到南平生态系统单位面积生态服务价值（表4.4）。

4. 区域生态系统服务功能价值总量

一定区域内的生态系统服务价值总量是区域内所有生态系统类型提供的所有服务功能价值总和，并随着区域内所含有的生态系统类型、面积、质量的变化而变化，同时也是一个随时间动态变化的量值（朱文泉等，2006；潘耀忠等，2004），区域生态系统服务价值总量公式为：

$$V = \sum_{i=1}^{n} \sum_{j=1}^{m} V_{ij} \tag{2}$$

式中：V为区域生态系统服务功能总价值；V_{ij}为第i类生态系统类型的第j种生态服务功能的价值。

或者利用Costanza等（1997）的公式计算ESV：

$$ESV = \sum A_k \times VC_k \tag{3}$$

$$ESV_f = \sum A_k \times VC_{fk} \tag{4}$$

式中：ESV为生态系统服务价值；A_k是土地利用类型k的面积（hm²）；VC_k是土地利用类型k的生态服务价值当量[元/（hm²·a）]；ESV_f为生态系统第f项功能的价值[元/（hm²·a）]；VC_{fk}是土地利用类型k的第f项服务功能的价值[元/（hm²·a）]。

计算结果见表4.5。

表4.3 2015年中国生态系统单位面积生态服务价值当量

生态服务分类		农田		森林			草地	湿地	荒漠		水域	建设用地
一级	二级	旱地	水田	其他林地	有林地	灌木林地	草地	湿地	荒漠	裸地	水系	建设用地
供给服务	食物生产	0.85	1.36	0.31	0.29	0.19	0.23	0.51	0.01	0	0.80	0
	原料生产	0.40	0.09	0.71	0.66	0.43	0.34	0.50	0.03	0	0.23	0
	水资源供给	0.02	-2.63	0.37	0.34	0.22	0.19	2.59	0.02	0	8.29	0
调节服务	气体调节	0.67	1.11	2.35	2.17	1.41	1.21	1.90	0.11	0.02	0.77	0
	气候调节	0.36	0.57	7.03	6.50	4.23	3.19	3.60	0.10	0	2.29	0
	净化环境	0.10	0.17	1.99	1.93	1.28	1.05	3.60	0.31	0.10	5.55	0
	水文调节	0.27	2.72	3.51	4.74	3.35	2.34	24.23	0.21	0.03	102.24	0
支持服务	土壤保持	1.03	0.01	2.86	2.65	1.72	1.47	2.31	0.13	0.02	0.93	0
	维持养分循环	0.12	0.19	0.22	0.20	0.13	0.11	0.18	0.01	0	0.07	0
	生物多样性	0.13	0.21	2.60	2.41	1.57	1.34	7.87	0.12	0.02	2.55	0
文化服务	美学景观	0.06	0.09	1.14	1.06	0.69	0.59	4.73	0.05	0.01	1.89	0
合计		4.01	3.89	23.09	22.95	15.22	12.06	52.02	1.10	0.20	125.61	0

表4.4 南平市生态系统单位面积生态服务价值

生态服务分类		农田		森林			草地	湿地	荒漠		水域	建设用地
一级	二级	旱地	水田	其他林地	有林地	灌木林地	草地	湿地	荒漠	裸地	水系	建设用地
供给服务	食物生产	3020.03	4832.04	1101.42	1030.36	675.06	829.03	1812.02	35.53	0	2842.38	0
	原料生产	1421.19	319.77	2522.61	2344.96	1527.78	1219.85	1776.49	106.59	0	817.18	0
	水资源供给	71.06	-9344.31	1314.60	1208.01	781.65	675.06	9202.19	71.06	0	29454.13	0
调节服务	气体调节	2380.49	3943.80	8349.48	7709.95	5009.69	4287.25	6750.64	390.83	71.06	2735.79	0
	气候调节	1279.07	2025.19	24977.38	23094.31	15029.07	11333.98	12790.69	355.30	0	8136.30	0
	净化环境	355.30	604.01	7070.41	6857.23	4547.80	3742.46	12790.69	1101.42	355.30	19718.99	0
	水文调节	959.30	9664.08	12470.93	16841.08	11902.45	8302.11	86088.48	746.12	106.59	363255.71	0
支持服务	土壤保持	3659.56	35.53	10161.50	9415.37	6111.11	5222.87	8207.36	461.89	71.06	3304.26	0
	维持养分循环	426.36	675.06	781.65	710.59	461.89	402.67	639.53	35.53	0	248.71	0
	生物多样性	461.89	746.12	9237.72	8562.66	5578.16	4749.14	27961.88	426.36	71.06	9060.08	0
文化服务	美学景观	213.18	319.77	4050.39	3766.15	2451.55	2096.25	16805.55	177.65	35.53	6715.11	0
合计		14247.41	13821.06	82038.09	81540.68	54076.21	42860.67	184825.53	3908.27	710.59	446288.64	0

表4.5 南平市生态系统生态服务价值

单位：亿元

生态服务类型		农田			森林			草地	湿地	荒漠		水域	建设用地	生态系统服务价值
一级	二级	旱地	水田	其他林地	有林地	灌木林地				荒漠	裸地	水系		
供给服务	食物生产	0.2711	13.2698	1.6382	19.3638	0.1443		0.2713	0.2457	0.0018	0.0000	0.9550	0.0000	36.1610
	原料生产	0.1276	0.8781	3.7520	44.0692	0.3265		0.3993	0.2409	0.0054	0.0000	0.2746	0.0000	50.0736
	水资源供给	0.0064	−25.6615	1.9553	22.7023	0.1671		0.2210	1.2479	0.0036	0.0000	9.8965	0.0000	10.5385
调节服务	气体调节	0.2137	10.8305	12.4185	144.8943	1.0707		1.4032	0.9154	0.0199	0.0024	0.9192	0.0000	172.6878
	气候调节	0.1148	5.5616	37.1499	434.0151	3.2121		3.7096	1.7345	0.0181	0.0000	2.7338	0.0000	488.2494
	净化环境	0.0319	1.6587	10.5161	128.8691	0.9720		1.2249	1.7345	0.0560	0.0121	6.6255	0.0000	151.7008
	水文调节	0.0861	26.5396	18.5485	316.4972	2.5438		2.7173	11.6741	0.0379	0.0036	122.0526	0.0000	500.7008
支持服务	土壤保持	0.3285	0.0976	15.1136	176.9446	1.3061		1.7095	1.1130	0.0235	0.0024	1.1102	0.0000	197.7489
	维持养分循环	0.0383	1.8539	1.1626	13.3543	0.0987		0.1318	0.0867	0.0018	0.0000	0.0836	0.0000	16.8116
	生物多样性	0.0415	2.0490	13.7397	160.9194	1.1922		1.5544	3.7918	0.0217	0.0024	3.0442	0.0000	186.3562
文化服务	美学景观	0.0191	0.8781	6.0243	70.7778	0.5240		0.6861	2.2789	0.0090	0.0012	2.2563	0.0000	83.4549
生态服务价值		1.2788	37.9555	122.0187	1532.4072	11.5573		14.0284	25.0635	0.1986	0.0241	149.9514	0.0000	1894.4836

三、生态系统服务评估指标体系构建

在进行生态系统服务综合评估时，建立科学合理的评估指标关系到评估结果的准确性。在建立指标体系时，一方面应该避免过于追求评估指标的完整性，致使评估指标种类过多，数目庞杂，使得可操作性差，难以推广应用，甚至由于指标过细而使不同生态系统之间的可比性降低；另一方面是要避免缺乏科学有效的指标筛选方法，而仅靠评估者的经验选择指标容易导致评估指标主观性过强。另外，也要避免指标间的重叠，从而影响评估的准确性和科学性（崔向慧等，2009；高艳妮等，2019）。

表4.6 生态系统服务主要评估指标体系及方法

指标类别	二级指标类别	具体指标	功能价值评估方法
供给服务	食物生产	农作物产量（粮食）	InVEST模块作物模型（如ORYZA2000、Hybrid-Maize、CERES-Wheat）、价值量核算方法
	原材料生产	林业原材料生产	InVEST模型木材产量模块
		草地牧草产量（牲畜）	线性或非线性逐步回归分析法
		水草产量（水产品）	InVEST模块作物模型（如ORYZA2000、Hybrid-Maize、CERES-Wheat）
	水资源供给	产水量	InVEST模型水产量模块
调节服务	气体调节	固碳量	CASA模型（陆地植被固碳）或VGPM模型（水生植被固碳）、
		释氧量	净初级生产力
	气候调节	实际蒸散量	水量平衡法
		温度	克里金插值法
		干扰调节	当量因子法
	净化环境	大气净化	替代成本法、当量因子法
		水质净化	替代成本法、当量因子法
		噪音消减	总价值分离法、当量因子法
		提供负离子	价值量核算方法、当量因子法
	水文调节	水源涵养	水库建设成本替代法
		水流动调节	水文时变增益模型（TVGM）、替代工程法
		洪水调蓄	水库洪水调蓄功能评价模型、替代工程法

（续）

指标类别	二级指标类别	具体指标	功能价值评估方法
支持服务	土壤保持	土壤保持量	土壤流失方程USLE
	维持养分循环	N、P等元素与养分的储存、循环	当量因子法
	生物多样性	森林地上生物量	InVEST生境质量模型、遥感提取或生物量转换因子法
		绿地、湿地景观覆盖率	NDVI法
		物种丰富度	野外观测或查阅法
文化服务	美学景观	世界遗产	区域旅行费用法
		物种丰富度	区域旅行费用法
		生态系统多样性	区域旅行费用法

四、供给服务功能核算

生态产品的供给服务是指由生态系统产生的具有食物生产、原材料生产、水资源供给等价值的物质和能源所提供的服务。

主要核算提供食物和生产生活、水资源供给的原材料总价值，包括农作物产量（粮食）、草地牧草产量（牲畜）、水草产量（水产品）、产水量等这些最终的产品和服务。有直接的市场价值的可以直接核算。

$$U_1 = V_1 + V_2 + V_3 \tag{5}$$

式中：U_1为年供给服务总价值（元/a）；V_1为食物生产价值（元/a）；V_2为原材料生产价值（元/a）；V_3为水资源供给价值（元/a）。

1. 实物量核算

根据生态产品类型，细化出一级、二级和三级指标，并明确指标数据来源。根据南平市统计资料的数据核算三级指标64个（表4.7）。其中，食用菌、茶叶和竹笋等作物实物量按照湿重核算。能源供给量单位为kw·h，其他类型产品供给服务的实物量单位统一为万t。

表4.7 产品供给指标来源

一级指标	二级指标	三级指标	数据来源
农产品供给价值	谷物	稻谷	《南平统计年鉴》
		大麦、小麦	
	杂粮	玉米	
		高粱	
		谷子	
		其他	
	薯类	甘薯	
		马铃薯	
	豆类	大豆	
		绿豆	
		小红豆	
	油料	花生	
		芝麻	
		葵花籽	
	棉花	棉花	
	生麻	生麻	
	甘蔗	甘蔗	
	烟叶	烟叶	
	蔬菜	蔬菜	
	中草药材	中草药材	
	野生植物	野生药材等	
	茶叶	红茶	
		绿茶	
		青茶	
		其他茶叶	

（续）

一级指标	二级指标	三级指标	数据来源
农产品供给价值	食用菌	食用菌	《南平统计年鉴》
	水果	苹果	
		柑橘	
		梨	
		枇杷	
		杨梅	
		桃子	
		柿子	
		葡萄	
	特色作物	木薯	
		莲子	
		蕉芋	
畜产品供给价值	肉类	猪肉	
		牛肉	
		羊肉	
		禽肉	
		兔肉	
	禽蛋	禽蛋	
	捕猎	野兽、野禽	
	其他	蜂蜡	
		蜂蜜	
木材及林副产品供给价值	林产品	油桐籽	
		山苍子	
		油茶籽	
		棕片	

(续)

一级指标	二级指标	三级指标	数据来源
木材及林副产品供给价值	林产品	松脂	《南平统计年鉴》
		竹笋	
		茅草	
水产品供给价值	淡水产品	鱼类	
		虾蟹类	
		贝类	
		其他	
水资源供给价值	用水量	农村用水	《南平市水资源公报》；住房和城乡建设委员会自来水厂统计汇总
		生活用水	
		工业用水	
		生态用水	
种子资源供给价值	农产品种子	水稻种子	南平市农业局种子站
能源供给价值	沼气	沼气利用量	《南平市统计年鉴》；南平市农业局统计资料
	水利	水利发电量	

注：其中《南平市统计年鉴》中干茶重量折算成鲜茶重量，食用菌干重折算成鲜重，竹笋折算成鲜笋，淡水珍珠按kg统计。

2．价值量核算

获取生态产品供给服务实物量后，对其进行价值量核算。根据数据的可得性，采用两种价值量核算方法：一种是市场价格法，一种是产值计算法。

市场价格法全部使用的是三级指标的统计实物量乘以南平市该统计项目的平均市场价格。产值计算法是除水资源和能源供给价值以外，其他四类二级指标（农产品、畜产品、林产品和淡水产品）的产值计算法使用南平统计年鉴上的产值统计数据。

无法进行产值法计算的二级指标，根据其三级指标的实物量和市场价格，通过市场价格法进行计算。各核算指标价值量计算方法见表4.8。

表4.8 产品供给价值量核算

一级指标	二级指标	三级指标	价值量计算方法
农产品供给价值	谷物	稻谷	产值法
		大麦小麦	产值法
	杂粮	玉米	产值法
		高粱	产值法
		谷子	产值法
		其他	产值法
	薯类	甘薯	产值法
		马铃薯	产值法
	豆类	大豆	产值法
		绿豆	产值法
		小红豆	产值法
	油料	花生	产值法
		芝麻	产值法
		葵花籽	产值法
	棉花	棉花	产值法
	生麻	生麻	产值法
	甘蔗	甘蔗	产值法
	烟叶	烟叶	产值法
	蔬菜	蔬菜	产值法
	中草药材	中草药材	市场价格法
	野生植物	野生药材等	产值法
	茶叶	红茶	产值法
		绿茶	产值法
		青茶	产值法
		其他茶叶	产值法

（续）

一级指标	二级指标	三级指标	价值量计算方法
农产品供给价值	食用菌	食用菌	市场价格法
	水果	苹果	产值法
		柑橘	产值法
		梨	产值法
		枇杷	产值法
		杨梅	产值法
		桃子	产值法
		柿子	产值法
		葡萄	产值法
	特色作物	木薯	产值法
		莲子	产值法
		蕉芋	产值法
畜产品供给价值	肉类	猪肉	产值法
		牛肉	产值法
		羊肉	产值法
		禽肉	产值法
		兔肉	产值法
	禽蛋	禽蛋	市场价格法
	捕猎	野兽、野禽	市场价格法
	其他	蜂蜡	产值法
		蜂蜜	产值法
木材及林副产品供给价值	林产品	油桐籽	产值法
		山苍子	产值法
		油茶籽	产值法
		棕片	产值法

（续）

一级指标	二级指标	三级指标	价值量计算方法
木材及林副产品供给价值	林产品	松脂	产值法
		竹笋	产值法
		茅草	产值法
水产品供给价值	淡水产品	鱼类	产值法
		虾蟹类	产值法
		贝类	产值法
		其他	产值法
水资源供给价值	用水量	农村用水	市场价格法
		生活用水	市场价格法
		工业用水	市场价格法
		生态用水	市场价格法
能源供给价值	沼气	沼气利用量	市场价格法
	水利	水利发电量	市场价格法

五、调节服务功能核算

生态产品的调节服务是指由生态系统产生的具有气体调节、气候调节、净化环境、水文调节等价值的物质和能源所提供的服务。生态产品供给服务价值通过生态产品提供供给服务的实物量与单位实物量的价格相乘得到。

（一）气体调节功能核算

在陆表植被生态系统中，植物通过吸收空气中的CO_2，然后利用光合作用产生碳水化合物并释放出氧气，光合作用反应式为

$$CO_2 + H_2O \rightarrow CH_2O + O_2 \tag{6}$$

固碳释氧模型是以陆地植被净初级生产力（NPP）为基础，根据上述光合作用反应，植物每生产1.00kg的葡萄糖干物质就可以固定1.63kg的CO_2，同时在此过程中可以释放出1.20kg的O_2，据此可以测评出陆地植被生态系统固定的CO_2物质量与释放的O_2物质量。因此，陆地生态系统在大气调节方面的价值量

EV_1可以通过生态系统固定CO_2的价值量EV_{11}和生态系统释放O_2的价值量EV_{12}的两部分价值之和进行估算，具体表达式：

$$EV_1 = EV_{11} + EV_{12} \quad (7)$$

陆地生态系统固定CO_2和释放O_2的价值量可以通过将吸收CO_2和排放O_2的物质量折算成造林成本、碳税率以及工业制氧的成本进行核算。其中，固定CO_2的价值量计算式为

$$EV_{11} = \sum 1.63 ANPP (12/44) V_{fc} \quad (8)$$

式中：A是不同生态系统类型的面积（km^2）；NPP是不同生态系统的净初级生产力，其值由CASA光能利用模型计算得出[t/（$km^2 \cdot a$）]；V_{fc}——碳的造林成本，（元/t），取260.9元/t。

释放氧气的价值量计算式为

$$EV_{12} = \sum 1.19 ANPP V_{fo} \quad (9)$$

式中：V_{fo}为氧气造林成本，为352.93元/t。

固碳：固碳的价值量是用实物量与价格相乘的方式计算，具体方法详见公式：

$$V_{CO_2} = CO_2 \times P_{CO_2} \quad (10)$$

式中：V_{CO_2}是生态系统固碳价值量；P_{CO_2}是CO_2价格。

生态系统中植物吸收CO_2的同时释放O_2，不仅对全球的碳循环有着显著影响，也起到调节大气组分的作用。生态系统释氧功能主要通过光合作用进行，大部分情况下与固碳功能同步进行。

释氧：目前所有文献中有关释氧的计算机理都是根据植物的光合作用基本原理。植物每固定1g的CO_2，就会释放0.73g的O_2，只是由于固碳的计算方法不同，释氧的计算方法相应进行改变。

采用全国植被净初级生产力（NPP）与造氧价格来评价生态系统氧气供给价值。

$$V_0 = P_0 \times OP \quad (11)$$

式中：V_0为植被产氧的价值；OP为制氧成本。

O_2实物量核算过程中采用的参数都和CO_2实物量核算过程中采用的参数相同。O_2价格主要来自两种方式，其中，高值是在《自然资源（森林资产评价技术规范）》（LY/T 2735—2016）推荐价格的基础上折现到2015年的现值，低值是根据当前的技术水平，依据相关文献得到的氧气制造价格。由于高值的推荐来源更加权威，在此选用前者。

（二）气候调节功能核算

生态系统气候调节功能是指生态系统通过蒸腾作用和光合作用、水面蒸发过程来降低气温、减少气温变化范围以及增加空气湿度，从而改善人类居住环境及舒适程度的生态效应。生态系统的水面蒸发和植被蒸腾是气候调节的主要物质基础。水面蒸发吸收热量，向空气中释放水汽，从而可以降低环境温度，增加环境湿度。生态系统通过植物的光合作用吸收太阳光能，减少光能向热能的转变，从而减缓气温上升散到空气中；生态系统通过蒸腾作用将植物中的水分以气体的形式通过气孔扩散太阳光的热并且散发到空气中的水汽能转化为水分子的动能，消耗热量，降低空气温度，增加空气的湿度。选用生态系统降温增湿消耗的能量（包括植被蒸腾与水面蒸发消耗的能量）作为生态系统气候调节功能的功能量（王莉雁等，2017）。

1. 实物量核算

（1）气候调节功能

$$Q_C = Q_P + Q_W \qquad (12)$$

式中：Q_C为生态系统蒸腾蒸发消耗的总能量（kWh）；Q_P为生态系统植被蒸腾消耗的能量（kWh）；Q_W为生态系统水面蒸发消耗的能量（kWh）。

（2）植被蒸腾：森林、灌丛、草地生态系统植被蒸腾消耗的能量。

$$Q_P = \sum_i^3 GPP \times S_i \times d \times 10^6 / (3600 \times R) \qquad (13)$$

式中：Q_P为生态系统植被蒸腾消耗的能量（kWh）；GPP为不同生态系统类型单位面积蒸腾消耗的热量KJ/（$m^2 \cdot d$）；S_i为第i种生态系统类型面积（km^2）；R为空调能效比，取3.0；d为空调开放天数（d）；i为研究区不同生态系统类型（森林、灌丛、草地）。

（3）水面蒸发：水面蒸发降温增湿消耗的能量。

$$Q_w = E_q \times q \times \frac{10^3}{3600} + E_q \times \gamma \quad (14)$$

式中：Q_w为水面蒸发消耗能量（kWh）；E_q为水面蒸发量（m³）；q为挥发潜热，即蒸发1g水所需要的热量（J/g）；γ为加湿器将1m³水转化为蒸汽的耗电量（kWh）。

单位面积林地、灌丛、草地蒸腾吸收的热量分别为2837.27kJ/m²·d，1300.95kJ/m²·d，969.83kJ/m²·d（张彪等，2012；李延明）。

2.价值量核算

生态系统气候调节价值是植物通过蒸腾作用与水面蒸发过程中大气温度降低与湿度增加而产生的生态效应所产生的价值，包括植被蒸腾和水面蒸发两个方面。植被通过蒸腾作用吸收热量，从而降低大气温度、增加湿度。采用空调等效降温增湿所需要的耗电量，运用替代成本法核算植被降温增湿的价值。水面通过蒸发作用吸收热量，从而增加空气中水汽含量，降低大气温度、增加湿度，采用加湿器等效降温增湿所需要的耗电量运用替代成本法核算水面蒸发降温增湿的价值（白玛卓嘎等，2017；王莉雁等，2017）。

$$U_{13} = A \times H_a \times a \times P_e \quad (15)$$

式中：U_{13}为森林（草地）生态系统年植物蒸腾价值（元/a）；H_a为单位绿地面积吸收的热量（kJ/hm²）；a为常数，取1kWh/3600kJ；P_e为当地电价（元/kWh）。

$$U_{14} = S_w \times E_P \times \beta \times P_e \quad (16)$$

式中：U_{14}为湿地生态系统年水面蒸发价值（元/a）；E_P为湿地年平均蒸发量（m）；β为蒸发单位体积的水所消耗的能量（kJ/m²）。

$$V_C = Q_C \times p \quad (17)$$

式中：V_C为生态系统气候调节的价值（元/a）；Q_C为生态系统降温增湿消耗的总能量（kWh/a）；p为电价（元/kWh）。

（三）净化环境功能核算

净化环境功能是指植被和生物去除与降解多余养分与化合物，滞留灰尘、除污等，包括净化水质和空气等。

1. 大气净化

(1) 实物量核算

空气净化功能主要体现在吸收污染物和滞尘两个方面。空气污染物的主要由SO_2、NO_2与工业粉尘等物质构成。本研究选用生态系统吸收SO_2量、NO_2量与阻滞吸收粉尘量三个指标作为大气净化功能的功能量，核算生态系统大气净化的能力（白玛卓嘎等，2017）。

$$Q_a = \sum_{i=1}^{m}\sum_{j=1}^{n} Q_{ij} \times S_i \tag{18}$$

式中：Q_a为大气污染物净化总量（t）；Q_{ij}为生态系统i（森林、灌丛、草地）单位面积吸收大气污染物j（SO_2、NO_2、工业粉尘）的量（t/km²·a）；S_i为生态系统i的面积（km²）；i为研究区生态系统类型，无量纲；j为研究区大气污染物类别，无量纲。

(2) 价值量核算

生态系统大气净化价值是指生态系统通过一系列物理、化学和生物因素的共同作用，吸收、过滤、阻隔与分解降低二氧化硫、氮氧化物、粉尘等大气污染物，使大气环境得到改善的生态效应所产生的价值。采用替代成本法，通过工业治理大气污染物的成本评估生态系统大气净化功能的价值（白玛卓嘎等，2017；王莉雁等，2017）

$$V_a = Q_{SO_2} \times C_{SO_2} + Q_{NO_x} \times C_{NO_x} + Q_d \times C_d \tag{19}$$

式中：V_a为生态系统大气净化价值（元/a）；Q_{SO_2}为SO_2净化量（t/a）；C_{SO_2}为二氧化硫治理成本（元/t）；Q_{NO_x}为NO_x净化量（t/a）；C_{NO_x}为氮氧化物治理成本（元/t）；Q_d为工业粉尘净化量（t/a）；C_d为工业粉尘治理成本（元/t）。

2. 水质净化

(1) 实物量核算

水质净化功能是指水环境通过一系列物理和生化过程对进入其中的污染物进行吸附、转化以及生物吸收等，使水体生态功能部分或完全恢复至初始状态的能力。根据我国《地表水环境质量标准》（GB 3838—2002）中对水环境质量应控制的项目和限值规定，选取适当指标作为生态系统水质净化功能的评价指标。水质净化服务价值评估主要是利用监测数据，根据生态系统中污染物构成和浓度变化，选取适当的指标对其进行定量化评估。本研究选用TN、TP与COD等水质污染物净化量作为水质净化服务功能的功能量(白玛卓嘎等,2017)。

$$Q_{wp} = \sum_{i=1}^{n} Q_i \times A \quad (20)$$

式中:Q_{wp}为水体污染物净化总量(t),Q_i为第i类水质污染物(COD、TN、TP)的单位面积净化量(t/km²·a);A为湿地生态系统的面积(km²);i为研究区污染物类别,无量纲。

(2)价值量核算

生态系统水质净化价值指湿地生态系统通过自身的生态过程与物质循环作用,降低水体中的污染物质浓度而使水体得到净化的生态效应所产生的价值。采用替代成本法,通过工业治理水体污染物的成本来核算生态系统水质净化功能的价值(白玛卓嘎等,2017;王莉雁等,2017)。

$$V_w = Q_{COD} \times C_{COD} + Q_{TN} \times C_{TN} + Q_{TP} \times C_{TP} \quad (21)$$

式中:V_w为生态系统水质净化价值(元/a);Q_{COD}为COD净化量(t/a);C_{COD}为COD治理成本(元/t);Q_{TN}为总氮净化量(t/a);C_{TN}为总氮治理成本(元/t);Q_{TP}为总磷净化量(t/a);C_{TP}为总磷治理成本(元/t)。

3.噪音消减

(1)实物量核算

根据定点观测、对比对照的方法实测环境噪声声级。

降低噪音值=测点噪音值−对照地噪音值

(2)价值量核算

降低噪声的价值量采用总价值分离法进行估算。森林生态系统降低噪声价值的估算是以造林成本的15%计算,平均造林成本取240.03元/m³,具体公式如下:

$$V_a = R \times C \times V \times S \quad (22)$$

式中:V_a为降低噪音的价值量(元);R森林生态系统降低噪声价值的估算比例(%);C为造林成本(元/m³);V为成熟林单位面积蓄积量(m³/hm²);S为林地面积(hm²)。

4.提供负离子

(1)实物量核算

衡量南平市空气负离子的实物量指标是空气负离子个数,根据《自然资源

（森林）资产评估技术规范》（LY/T 2735—2016），得到森林区域年提供空气负离子个数计算公式如下：

$$G_{负离子} = K_1 \times K_2 \times 5.256 \times 10^{15} \times Q_{负离子} AH/L \qquad (23)$$

式中：$G_{负离子}$为森林年提供空气负离子个数（个/a）；$Q_{负离子}$为森林空气负离子浓度（个/cm³）；A为森林面积（hm²）；H为森林高度（m）；L为空气负离子寿命（min）；K_1为森林生产状况调整系数；K_2为森林自然度调整系数。

受林业小班数据的限制，不能得到相关调整系数，在此参照《自然资源（森林资产评价技术规范）》（LY/T 2735—2016）中负离子核算方法进行核算，公式如下：

$$G_{负离子} = 5.256 \times 10^{15} \times Q_{负离子} AH/L \qquad (24)$$

空气负离子浓度值可以根据实时监测空气负离子浓度数据分析得到。森林高度和森林面积可以通过森林清查数据获得。

（2）价值量核算

根据《自然资源（森林资产评价技术规范）》（LY/T 2735-2016），森林提供空气负离子的价值量计算方法如下。

$$U_{负离子} = 5.256 \times 10^{15} \times (Q_{负离子} - 600) \times K_{负离子} AH/L \qquad (25)$$

式中：$U_{负离子}$为森林提供空气负离子价值（元/a）；$K_{负离子}$为空气负离子生产费用（元/个），《自然资源（森林资产评价技术规范）》（LY/T 2735—2016）中的推荐值为5.8185元/（10¹⁸个）。

（四）水文调节功能核算

水文调节功能是指生态系统截留、吸收和贮存降水，调节径流，调蓄洪水，降低旱涝灾害。径流调节主要采用基于有明确物理机制的分布式水文模型方法，利用水文、气象、空间地理的分布等信息，综合构建南平市流域水文模型，定量辨识实际条件（有植被覆盖）和情景条件（无植被覆盖）下的水文调节能力，为区域生态系统服务价值评估业务化运行提供技术支撑。

1. 水源涵养

（1）实物量核算

水源涵养功能是生态系统通过林冠层、枯枝落叶层、植物根系及土壤层等拦截滞蓄降水，增强土壤下渗与蓄积，从而有效涵养土壤水分、缓和地表径流、补充地下水与调节河川流量的服务功能。其不仅提供生态系统内部各生态组分对水源的需求，同时持续地向外部提供水源，在众多生态系统服务功能中占有非常关键的地位。选用水源涵养量作为生态系统水源涵养功能的评价指标。水源涵养量是通过水量平衡方程（the water balance equation）进行计算（白玛卓嘎等，2017）。水量平衡原理是指在一定的时间与空间内，水分的运动保持着质量守恒，或运用输入的水量与输出的水量的差值代表系统内蓄水量的变化量。

$$Q_w = \sum_{i=1}^{j} (P_i - R_i - ET_i) \times A_i \qquad (26)$$

式中：Q_w 为水源涵养量（m³）；P_i 为降雨量（mm）；R_i 为暴雨径流量（mm）；ET_i 为蒸散发量（mm）；A_i 为 i 类生态系统的面积（m²）；i 为研究区第 i 类生态系统类型；j 为研究区生态系统类型数。

（2）价值量核算

水源涵养价值主要表现在蓄水保水的经济价值方面。运用影子工程法，模拟建设一座蓄水量与生态系统水源涵养量一致的水库，核算价值。

该座水库所需要的费用即可作为生态系统的水源涵养功能价值（白玛卓嘎等，2017；王莉雁等，2017）。

$$V_w = Q_w \times P_W \qquad (27)$$

式中：V_w 为水源涵养服务的价值（元/a）；Q_w 为水源涵养量（m³/a）；P_W 为水库单位库容的工程造价（元/m³），取8.26元/m³（国家林业局，2008）。

2. 径流调节

（1）实物量核算

DTVGM（夏军等，2003年）主要包含产流模型和汇流模型，其中，产流模型又包含降雨蒸散发模块、地表水产流模块、土壤水产流模块和地下水产流模块4个子模块，汇流模型采用的是马斯京根法计算。模型框架图（图4.2）如下。

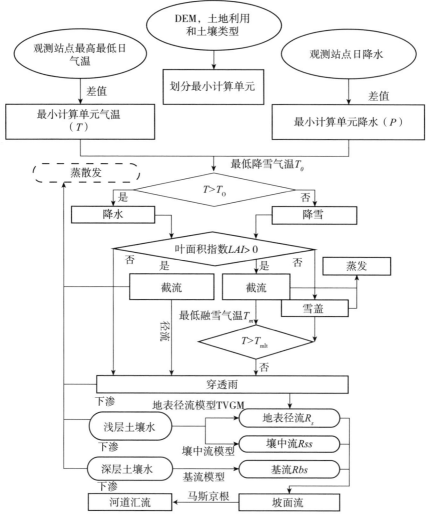

图4.2　DTVGM模型结构图（曾思栋等，2016）

a. 产流算法

DTVGM产流模型主要基于水量平衡。实际计算中通过迭代计算出蒸散发、土壤水含量、地表径流、壤中流与基流。公式如下：

$$P_i + W_i = W_{i+1} + R_{si} + E_i + R_{ssi} + R_{gi} \qquad (28)$$

式中：P为降雨量（mm）；W为土壤含水量（mm）；E为蒸散发（mm）；R_s为地表径流（mm）；R_{ss}为壤中流（mm）；R_g为地下径流（mm）；i为时段数。

地表径流：时变增益模型中总结了降雨产流的关系后，通过时变因子 g 优先计算地表径流。地表径流计算公式为：

$$R_s = g_1 \left(\frac{AW_u}{WM_u \times C}\right)^{g_2} \times P \qquad (29)$$

式中：R_s为子流域地表产流量（mm）；AW_u为子流域表层土壤湿度（mm）；WM_u为表层土壤饱和含水量（mm）；P为子流域降水量（mm）；g_1与g_2是时变增益因子的有关参数（$0<g_1<1$，$1<g_2$），其中，g_1为土壤饱和后的径流系数，g_2为土壤水影响系数；C为覆被影响参数。

壤中流：当土壤湿度达到田间持水量后，下渗趋于稳定，土壤将会出现产流，形成壤中流，最终转换为地表径流，注入河道。为了简化计算，采用土壤水出流系数来计算壤中流，即：

$$R_{ssi} = AW_u \times K_r \qquad (30)$$

式中：R_{ss}为壤中流（mm）；AW为表层土壤平均含水量（mm）；K_r为土壤水出流系数；i为计算时段。如计算时段较长，表层土壤平均含水量AW_u可采用多点平均计算，公式如下：

$$AW_u = \frac{W_{ui} + W_{ui+1}}{2} \qquad (31)$$

而土壤水出流系数K_r是土壤多个因子的函数，计算公式如下：

$$K_r = f(S_R, S_H, S_C, S_S) \qquad (32)$$

式中：S_R为土壤颗粒粒径；S_H是土层的厚度；S_C为土壤间隙；S_S为坡度。

基流：即地下径流，是深层土壤或基岩的裂隙中蓄存的水。为了简化计算，仍采用深层土壤水出流系数来计算基流，即：

$$R_{gi} = AW_{gi} \times K_g \qquad (33)$$

式中：R_g为地下径流（mm）；AW_g为深层土壤含水量（mm）；K_g为地下水出流系数。在实际计算中，通常由于地下水出流量较小，在土壤湿度大于饱和土壤湿度的稳定下渗状态下，下渗量等同于地下水出水量；而深层土壤湿度的计算仍是通过土壤厚度与其含水率的乘积关系计算得出。公式如下：

$$AWM_g = \delta_g \times WM_g \qquad (34)$$

式中：AWM_g是地下水饱和含水量（mm）；δ_g是深层土壤厚度（mm）；WM_g

是上层土壤含水率（m³/m³）。

产流：子流域总产流量即为地表水产流量、土壤水产流量地下径流之和，也就是：

$$R = R_s + R_{ss} + R_g \tag{35}$$

式中：R，R_s，R_{ss} 分别表示子流域总产流量、地表水产流量和土壤水产流量（mm）。

蒸散发：蒸分为潜在蒸散发与实际蒸散发。潜在蒸发的计算具有物理机制的方法有 Penman-Monteith 公式、Makkink 公式、Jensen-Haise 公式和 Hargreaves-Samani 公式。前三种公式均需要辐射和气温等多种实测输入资料，而 Hargreaves-Samani 公式只需最高最低气温，对实测资料要求相对较低。结合本研究数据条件，模型潜在蒸散发采用 Hargreaves-Samani 公式计算：

$$E_0 = 0.0023 \times (T+17.8) \times (T_{max}+T_{min})^{0.5} \times R_a / \lambda \tag{36}$$

式中：T_{min} 为最低气温（℃）；T_{max} 为最高气温（℃）；R_a 为大气层外太阳辐射（mm/d）；λ 是水汽化潜热（2.45）。实际（土壤与植物）蒸散发被认为是潜在蒸散发和叶面积指数的一个函数（Ritchie, 1972），即：

$$E_P = \frac{EO \times LAI}{3} \quad 0 \leq LAI \leq 3.0 \tag{37}$$

$$E_P = E_O \quad LAI > 3.0 \tag{38}$$

$$ESO = E_O \times \exp(-0.4 \times LAI) \tag{39}$$

式中：E_o 和 E_p 分别为潜在蒸发量（mm）和植物蒸发量（mm）；LAI 为叶面积指数；ESO 为土壤潜在蒸发量（mm/d）。

b. 汇流算法

汇流过程是产水量汇入河道以及河道径流汇入海洋或湖泊的过程。汇流主要分为坡面汇流和河道汇流两大部分，河道汇流采用的是马斯京根法。

坡面汇流：坡面汇流时间 t_{ov} 可以用以下公式计算：

$$t_{ov} = \frac{L_{slp}}{3600 \times V_{ov}} \tag{40}$$

式中：L_{slp} 为流域的坡面长度（m）；V_{ov} 地表径流速率（m/s），3600 为单位转换系数。

地表径流速率可以考虑坡面下 1m 宽的地带通过曼宁公式计算：

$$V_{ov} = \frac{q_{ov}^{0.4} \times slp^{0.3}}{n^{0.6}} \quad (41)$$

式中：q_{ov} 为地表径流平均速率（m³/s）；slp为流域的平均坡度（m/m）；n是该流域的糙率系数。假定地表径流平均速率为6.35mm/hr，通过单位转换得：

$$V_{ov} = \frac{q_{ov}^{0.4} \times slp^{0.3}}{n^{0.6}} \quad (42)$$

代入方程中得出：

$$t_{ov} = \frac{L_{slp}^{0.6} \times n^{0.6}}{18 \times slp^{0.3}} \quad (43)$$

流域的汇流时间远大于1d，地面径流在一天中只有一部分汇到河道中。在模型中，滞后部分的地表径流量按如下公式求出：

$$Q_{surf} = (Q'_{surf} + Q_{stor,\ i-1}) \times [1 - \exp(\frac{-surlag}{t_{conc}})] \quad (44)$$

式中：Q_{surf} 代表进入主河道的日地表径流量（mm）；Q'_{surf} 表示流域的日地表径流总量（mm）；$Q_{stor,\ i-1}$ 表示前一天地表径流的蓄水量或者滞后量（mm）；$surlag$是地表径流的滞后系数；t_{conc} 是流域的汇流时间（h）。

在计算获得Q_{surf}后，即可推算径流系数。计算公式为：

$$RC = Q_{surf}/P \quad (45)$$

式中：RC为径流系数。径流系数与产流系数不同之处就是径流系数还需要考虑坡面汇流，而产流系数则不需要。

河道汇流：河道水流演算则采用马斯京根，即：

$$Q_{out,\ 2} = C_1 \times Q_{in,\ 2} + C_2 \times Q_{in,\ 1} + C_3 \times Q_{out,\ 1} \quad (46)$$

其中：

$$C_1 = \frac{\Delta t - 2 \times K \times X}{2 \times K \times (1-X) + \Delta t};\ C_2 = \frac{\Delta t + 2 \times K \times X}{2 \times K \times (1-X) + \Delta t};\ C_3 = \frac{2 \times K \times (1-X) - \Delta t}{2 \times K \times (1-X) + \Delta t}$$

式中：$Q_{in,\ 1}$ 为在时段开始时的入流量（m³/s）；$Q_{in,\ 2}$ 为时段末的入流量（m³/s）；$Q_{out,\ 1}$ 为时段开始时的出流量（m³/s）；$Q_{out,\ 2}$ 为时段末的出流量（m³/s）；C_1、C_2、C_3 为Muskingum模型系数；K 为蓄量常数，（h）；X 为流量比重因子；Δt 为计算时间步长。

（2）价值量核算

在计算出实际产流量基础上，生态系统水流调节的价值量估算方法采用影子工程法，也称替代工程法，以水库的建设成本来定量评价生态系统水流动条件的总价值，具体公式如下：

$$V = W \times c \quad (47)$$

式中：V 为生态系统水流动调节的价值量（元/a）；W 为生态系统水流动调节功能量区（m³）；c 为建设单位库容的工程成本（元/m³）。根据《森林生态系统服务功能评估规范》（LYT 1721—2008），水库建设成本是 6.11 元 m³，通过价格指数（CPI）推算到 2010 年是 6.27 元/m³，2015 年是 7.19 元/m³。

3. 洪水调蓄

（1）实物量核算

防洪库容是指水库防洪限制水位至防洪高水位间的水库容积，是水库用于蓄滞洪水、发挥其防洪效益的部分。作为水库重要特征值，在实际中防洪库容数据往往难以获取，而总库容数据的收集则相对容易。本研究以防洪库容表征水库的洪水调蓄能力，根据全国水库洪水调蓄功能评价模型，利用基于已有防洪库容与总库容之间的数量关系建立的经验方程，通过水库总库容推测其防洪库容，从而计算得出南平市各级水库的洪水调蓄能力。

洪水调蓄能力：

$$C_f = C_i + C_r \quad (48)$$

式中：C_f 为洪水调蓄能力（万 m³）；C_i 为湖区洪水调蓄能力（万 m³）；C_r 为水库防洪库容（万 m³）。

湖泊洪水调蓄能力：按照湖泊可调蓄水量与湖面面积的关系构建模型，进而通过湖面面积与湖泊换水次数估算湖泊的洪水调蓄量。

$$C_r = e^{4.904} \times A^{0.927} \times T \quad (49)$$

式中：C_r 为湖泊洪水调蓄能力（万 m³）；A 为对应湖区面积（km²）；T 为换水次数（次）。

水库洪水调蓄能力：根据水库防洪库容与水库泄洪次数构建模型，由此估算水库总防洪库容（公式 49 中的 e=2.718）；

$$C_r = C_t \times 0.35$$

式中：C_r 为水库总防洪库容（万 m³）；C_t 为水库防洪库容（万 m³）。

(2) 价值量核算

洪水调蓄价值主要体现在减轻洪水威胁的经济价值方面。湿地生态系统的洪水调蓄功能和水库的作用非常相似，所以通过建设水库的费用成本，运用替代成本法核算湿地生态系统的洪水调蓄价值（白玛卓嘎等，2017；王莉雁等，2017）。

$$V_t = C_t \times P_w \qquad (50)$$

式中：V_t 为洪水调蓄价值（元/a）；C_t 为水库洪水调蓄能力（万m³/a）；P_w 为水库单位库容的工程造价（元/m³）。

六、支持服务功能核算

生态产品的支持服务是指由生态系统产生的具有土壤保持、维持养分循环、生物多样性功能价值的物质和能源所提供的服务。生态产品支持服务价值通过生态产品提供支持服务的实物量与单位价值量的价格相乘得到。

（一）土壤保持功能核算

1. 土壤保持量

土壤保持是生态系统（如森林、草地等）通过其结构与过程减少由于水蚀所导致的土壤侵蚀的作用，是生态系统提供的重要调节服务之一（盛莉等，2010）。它主要与气候、土壤、地形和植被有关。目前，国内外土壤保持功能评估研究方法相对较多，其中，土壤侵蚀模型是估算土壤侵蚀量最有效的手段之一。

通用土壤流失方程（USLE）是世界范围内应用最广泛的土壤侵蚀预报模型，选取USLE模型进行南平市土壤保持功能评估。

土壤侵蚀量：

$$A = R \times K \times LS \times C \times P \qquad (51)$$

土壤保持量：

$$SC = R \times K \times LS \times (1-C \times P) \qquad (52)$$

式中：A 为年土壤侵蚀量[t/（hm²·a）]；SC 为年土壤保持量[t/（hm²·a）]；R 为降雨侵蚀力因子[MJ·mm/（hm²·h·a）]；LS 为坡长坡度因子，无量纲；C 为植被覆盖因子，无量纲；P 为水土保持措施因子，无量纲。

(1）降雨侵蚀力因子R的估算

采用周伏建等提出的R值计算式：

$$R = \sum_{i=1}^{12}(-1.5527+0.1792P_i) \tag{53}$$

式中：R为降雨侵蚀力因子（MJ·mm·hm²·h¹·a¹）；P_i为月降雨量（mm）。

（2）土壤可侵蚀因子K值的估算

采用陈明华等建立的土壤可蚀性K值计算公式：

$$K = 10^{-3}(160.80-2.31x_1+0.38x_2+2.26x_3+1.31x_4+14.67x_5) \tag{54}$$

式中：x_1、x_2、x_3、x_4、x_5分别表示细砾、细砂、粗粉粒、细粉粒、有机质的百分含量。在此公式中，要求土壤颗粒分析标准为美国制，而我国土壤普查一般采用国际制，因此需进行质地转换。转换方程为$y=ax^b$和$y=ax^2+bx+c$。方程中，$x=\ln p$，p为粒径大小（mm），y是小于p粒径的累计颗粒含量百分数（%）。

（3）地形因子LS值的估算

通过数字高程模型（DEM），计算获得坡长和坡度，然后根据林敬兰等（2002）建立的方程式，获得LS的空间分布特征：

$$LS = 0.08L^{0.35}a^{0.6} \tag{55}$$

式中：L为坡长（m）；a为百分比坡度。

（4）地表覆盖因子C值的估算

地表覆盖因子是根据地面植被覆盖状况不同而反映植被对土壤侵蚀影响的因素，与土地利用类型、植被覆盖度密切相关。C值的估算采用如下公式：

$$C = \begin{cases} 1 & (f_c=0) \\ 0.6508-0.3436\lg f_c & (0<f_c\leqslant 78.3\%) \\ 0 & (f_c\geqslant 78.3\%) \end{cases} \tag{56}$$

$$f_c = (NDVI-NDVI_{\min})/(NDVI_{\max}-NDVI_{\min}) \tag{57}$$

式中：f_c为植被覆盖度，它由亚像元分解法计算得到；$NDVI_{\min}$为植被整个生长季的$NDVI$最小值；$NDVI_{\max}$为植被整个生长季的$NDVI$最大值。

（5）水土保持措施因子P值的估算

P为实施水土保持措施后土壤流失量与顺坡种植土壤流失量的比值。本研究中耕地的P值为0.15，其他土地利用类型取值为1.00，在GIS软件下生成P因子栅格图。

2.土壤保持价值量

生态系统土壤保持价值运用替代工程法，计算减轻泥沙淤积灾害的经济价值。按照我国主要流域的泥沙运动规律，全国土壤侵蚀流失的泥沙24%淤积于水库、河流、湖泊中，需要清淤作业消除影响。

$$V_{1n} = (24\% \times A_c \times C / \rho) / 1000 \tag{58}$$

式中：V_{1n} 为土壤保持的经济效益（万元）；A_c 为土壤保持量（t）；C为建设单位库容的工程成本（元/m³）；ρ 为土壤容重（t/m³）。

（二）维持养分循环功能核算

维持养分循环功能是指对N、P等元素与养分的储存、内部循环、处理和获取。生态系统中的营养物质通过复杂的食物网而循环再生，并成为全球生物地球化学循环不可或缺的环节。其重要营养物质N、P、K吸收量单位面积折算为 $NPP(x) \times R_{n1} \times R_{n2} \times P_n + NPP(x) \times R_{p1} \times R_{p2} \times P_p + NPP(x) \times R_{k1} \times R_{k2} \times P_k$。式中 R_{n1}、R_{p1}、R_k 为生态系统营养物质分配率，R_{n2}、R_{p2}、R_{k2} 分别为N、P、K折算为氮肥、磷肥、钾肥的比例，P_n、P_p、P_k 分别为氮肥、磷肥、钾肥的均价为2549元/t（1990年均价），N、P、K元素折算率分别为79/14、506/62和174/78。

（三）生物多样性功能核算

随着遥感技术的发展，基于遥感可实现植被覆盖度大范围长时间序列动态变化监测，进而形成了多种植被指数，目前最常用的就是基于归一化植被指数（normalized difference vegetation index, NDVI）的像元二分模型。NDVI计算公式为：

$$NDVI = (P_{NIR} - P_r) / (P_{NIR} + P_r) \tag{59}$$

式中：P_r 为红光波段的反射率，P_{NIR} 为近红外波段的反射率。

其次，运行InVEST生境质量模型，评估生物多样性功能，得到研究区生境质量指数的空间分布，生境质量指数范围为0~1，是无量纲综合指标，值越大代表生境质量越高。在InVEST生境质量模型中，使用生境质量指数来表征区域生境质量的优劣。计算公式如下：

$$Q_{xj} = H_j \left(1 - \left(\frac{D_{xj}^z}{D_{xj}^z + k^z}\right)\right) \tag{60}$$

式中：Q_{xj} 表示土地利用类型为 j 时栅格 x 的生境质量；H_j 表示土地利用类型 j 的生境适应性；D_{xj} 为土地利用类型为 j 时栅格 x 的受威胁水平；k 和 z 为比例因子，k 常数为半饱和常数，通常等于 D 值，可使它取 D_{xj} 最大值的一半，z 定义为常数 2.5。受威胁水平 D_{xj} 由以下公式计算可得：

$$D_{xj} = \sum_{r=1}^{R} \sum_{y=1}^{Y_r} \left(\frac{w_r}{\sum_{r=1}^{R} w_r} \right) r_y \, i_{rxy} \, \beta_x \, S_{jr} \tag{61}$$

式中：r 为威胁因子；Y 为 r 威胁栅格图的总栅格数；Y_r 为 r 威胁栅格图中的一组威胁栅格；W_r 为威胁因子权重，取值范围 0~1；r_y 表征栅格 y 是否为威胁栅格（0 或 1）；i_{rxy} 为威胁栅格 y 的威胁因子值 r 对区域内栅格 x 的威胁水平；β_x 为栅格 x 的可达性水平，取值范围 0~1；S_{jr} 是土地利用类型 j 为威胁因子 r 的敏感度，取值范围 0~1，i_{rxy} 由以下公式计算可得：

$$i_{rxy} = 1 - \left(\frac{d_{xy}}{d_{rmax}} \right) \text{（线性距离衰减函数）} \tag{62}$$

$$i_{rxy} = \exp\left[-\left(\frac{2.99}{d_{rmax}} \right) d_{xy} \right] \text{（指数距离衰减函数）} \tag{63}$$

式中：d_{xy} 为栅格 x 与 Y 之间的线性距离；d_{rmax} 是威胁因子 r 的最大作用距离（刘爽等，2019）。

七、文化服务功能核算

生态产品的文化服务是指由生态系统产生的具有美学景观功能价值的物质和能源所提供的服务。生态产品文化服务价值通过美学景观功能的实物量与单位面积价值量相乘得到。评估产生美学价值、灵感与教育价值等非物质惠益的自然景观的游憩价值具有十分重大的意义。采用自然景观年旅游总人次作为文化服务功能的功能量。

运用旅行费用法（travel cost method，TCM）核算生态系统的文化服务价值。TCM又分为两种基本模型，分别是区域旅行费用法（ZTCM，zonal travel method）和个人旅行费用法（ITCM，individual travel cost method），两种模型都基于共同的理论前提，但所不同的是ZTCM主要根据游客的客源地划定出游区域，通过计算各区的旅游率、旅行费用，建立旅游率—旅行费用模型来评价旅游资源的游憩价值，而ITCM则主要通过建立个体的旅行次数和旅行费用模型来分析评价旅游地游憩价值。

1. 实物量核算

旅游文化服务价值的实物量主要体现在旅游人口,利用公式得到由于自然资源和生态系统带来的文化服务实物量。

$$\text{生态系统文化服务实物总量} = \text{旅游人数} \times a \tag{64}$$

式中:a是通过调查问卷数据计算得到的,是指所有旅游人群中到达自然资源和生态资源景点的人·天占全市旅游总人·天的比例。

2. 价值量核算

采用区域旅行费用法(ZTCM)计算主要旅游景点的文化服务价值,其中,以消费者剩余的变化衡量消费者的效益。消费者剩余最早是在1844年由Dupit提出,是指在其他条件不变的前提下,因物品价格变动导致消费者心里愿意支付的最高价格与购买价格实际支付价格之间产生的差距,并运用此差距的变动程度来衡量消费者福利增加或损失价值。消费者剩余部分即图4.3中的②部分。

ZTCM的基本原理是旅行者根据旅行花费(钱和时间)来选择每年到某一旅游地区的旅行总人次,如图4.3中①所示,旅行次数与旅行花费负相关。ZTCM隐含的原则是,旅游者游览某个景区必须承担交通费用、门票费、食宿费和时间成本等,这些他们为旅游付出的代价可以看作是对此旅游资源的实际支付费用(图4.3中①部分),如公式66所示,旅游文化服务价值(消费者支付意愿)是消费者的实际支出与其消费者剩余之和。

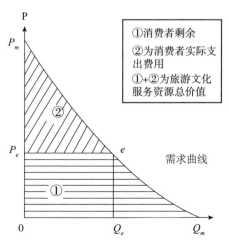

图4.3 旅游价值构成示意图

注:图中①为消费者剩余;②为消费者实际支出费用;①+②为旅游文化服务资源总价值

消费者费用=交通费用+景区门票费+食宿费+购买旅游商品费用+娱乐休闲费用+时间成本 （65）

旅游文化服务价值=消费者实际支出费用+消费者剩余 （66）

ZTCM通过实地调查数据，可以测算出南平市旅游的需求函数，即环境物品和服务的花费与旅游人次之间的关系，再利用影子价值理论算出游客的消费者剩余。为了计算旅游文化服务价值，主要需要以下步骤。

（1）对南平市的旅游者进行抽样调查，获得游客的客源地、游憩花费金额、游憩花费时间和被调查者的社会经济特征。

（2）定义和划分旅游者的出发地区，以此确定消费者的交通费用和经济水平。

（3）计算每一区域内到南平市旅游的人次（旅游率）。

$$Q_i = \frac{V_i}{P_i} \quad (67)$$

式中：Q_i 为旅游率；V_i 为根据抽样调查的结果推算出的 i 区域中到评价地点的总旅游人数；P_i 为 i 区域的人口总数。

（4）根据对旅游者调查的样本资料，用分析出的数据，对不同区域的旅游率和旅行费用以及各种社会经济变量进行回归，建立需求模型，即旅行费用对旅游率的影响。

$$消费者支出=旅行费用支出+时间价值 \quad (68)$$

式中：旅行费用支出=交通费+景区门票+购物费用+食宿费用；时间价值=旅行时间×客源地平均工资。

（5）计算旅游文化服务的剩余价值。

$$V_T = \int_{实际旅费}^{P_m} f(x)\,\mathrm{d}x \quad (69)$$

式中：V_T 为消费者剩余；P_m 为追加旅费最大值；$f(x)$ 为旅游费用与旅游率的函数关系式。

（6）计算文化服务功能总价值。

第四节 南平市生态系统服务价值核算综合评价

一、生态系统服务总价值较高

南平市2009年和2017生态系统服务总价值分别为1738.1亿元和1894.5亿元，GDP分别为730.32亿元和1792.51亿元，生态系统服务价值提高9%，有小幅提升。2009年和2017年，南平市生态系统服务总价值与GDP比值分别为2.38和1.06，2017年比值接近1，这充分表明2017年南平生态系统服务价值对社会经济价值的稀缺，尤其是在经济和人口密集的区域，相对稀缺性更突出。这两年南平市人均生态系统服务价值分别为6.58万元/人和7.07万元/人。通过对已有研究结果的梳理，2010年，全国各种生态系统的总服务价值量381000亿元，人均生态价值量为2.84万元。2014年，中国生态系统服务的总价值为121391.2亿元，其中，陆地提供的生态系统服务价值为87514.98亿元（陈仲新和张新时，2000）。2009年天津市生态系统服务价值为141.46亿元。可以看出，2009年南平市的人均生态系统服务价值高于2010年全国平均水平，2009年南平市的人均生态系统服务价值高于2010年全国平均水平，2009年南平市生态系统服务总值是同年天津市的5倍。这表明南平市在发展社会经济的同时，也注重对生态环境的保护。

2017年，南平市各类生态系统提供的生态服务价值总量呈现森林>水域>农田>湿地>草地>荒漠的特点（表4.9）。其中，有林地提供的生态系统价值占比高达80.89%；水系提供的生态系统价值量占7.9%；建设用地根据谢高地提出的当量因子法其当量值为0，对生态系统服务价值贡献为0。

表4.9 2017年南平市各类生态系统提供的生态服务价值

生态系统	农田		森林			草地	湿地	荒漠		水域	建设用地
	旱地	水田	其他林地	有林地	灌木林地			荒漠	裸地	水系	
面积（km²）	89.76	2746.21	1487.34	18793.16	213.72	327.30	135.60	50.82	33.98	336.00	724.89
生态服务价值总量（亿元）	1.28	37.96	122.02	1532.41	11.56	14.03	25.06	0.20	0.024	149.95	0
价值构成（%）	0.0675	2.0035	6.4407	80.8879	0.6101	0.7405	1.3230	0.0105	0.0013	7.9152	0

对于同等经济水平的城市而言，南平市生态系统服务价值总量较高，人均生态系统服务价值高于全国平均水平，主要是其丰富的林业资源的影响。南平市是中国南方的重要林区。林地面积196.4hm²，森林覆盖率74.7%，绿化程度93.1%，活立木总蓄积量1.18亿m³，毛竹约35.67hm²。2009年和2017年相比，南平市生态服务价值量总体变化不大，大范围生态系统服务价值高于155亿元，在建阳市0～5亿元低值区有明显增加，可能由于城市建设的发展，建阳市建设用地面积增加，导致生态系统服务价值贡献率降低。

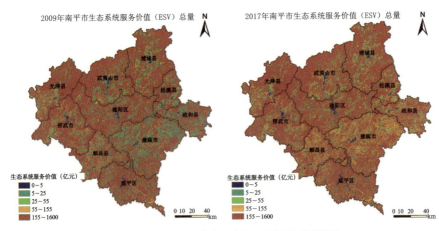

图4.4 2009年和2017年南平市生态系统服务价值总量

二、生态系统面积变化不大

生态系统面积是反映不同生态系统的数量指标。2009年和2017年相比，南平市森林、湿地、农田、水系四大主要生态系统自然空间面积略有下降（表4.2），其中，2009年和2017年森林面积分别为20555.56km^{2}和20494.23km^2，2017年比2009年降低0.3%；湿地面积分别是138.15km^2，135.60km^2，下降1.8%，农田面积分别是2848.49km^2，2835.97km^2，下降0.44%；水系面积分别是337.93km^2，336km^2，下降0.57%。从空间分布来看，森林生态系统在各县（市）分布较均匀，其中，武夷山市森林生态系统自然存量最高（图4.5），湿地主要集中分布在延平区、建瓯市、建阳市、武夷山市等地（图4.6）。2017年，南平市森林覆盖率有77.35%，比例在全国县级市中保持第一。自福建省成为全国首个生态文明试验区以来，南平市还承担了"国家公园体制建设""自然资源离任审计"等多个国家级改革试点。为了加速转型，目前全市各地均已实施绿色发展绩效考核。绿色生态是南平最大的特色和优势，南平市纵深推进国土绿化，重点围绕生物防火林带、森林生态景观带、重点生态区位林分修复开展植树造林，加大对高速公路森林生态景观通道、中心城区环城一重山森林生态景观、乡村生态景观林的建设，提高珍贵用材树种造林占比，更多地积累了优质森林资源。同时，2017年林业政策中包括武夷山抓好"三沿"森林生态景观建设，加快绿色攻坚，严守生态红线；在湿地核心区和缓冲区内不得建设生产设施；严格以国家森林公园为界，所有的旅游项目开发建设都在其外围进行。

 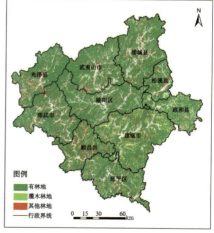

图4.5　2009年和2017年南平市森林生态系统面积对比

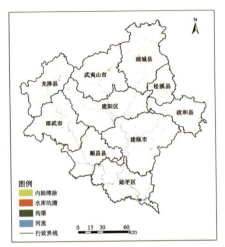 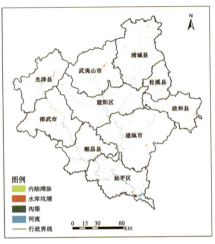

图4.6　2009年和2017年南平湿地生态系统面积对比

三、生物多样性价值高

基于当量因子法的生物多样性价值核算，南平市支持服务功能下的生物多样性价值在2009年和2017年分别为170.98亿元和186.36亿元，分别占南平市生态系统服务价值总量的7%和9.84%，增长了9%。从生态系统服务价值的空间分布来看，南平大部分区域的生物多样性价值高于25亿元，生物多样性价值高且分布较均匀，其中，南平市北部的武夷山市和光泽县价值量贡献大，水系范围对生物多样性价值相比于林地、农田等贡献较低，其系统服务价值低于0.01亿元。国家级武夷山自然保护区核心区占地约2万hm^2，约1.87hm^2都在光泽境内，崇山密林中栖息生长着150多种珍稀动植物，堪称昆虫世界、珍禽乐园，尤以蛇源为最。武夷山市是世界同纬度带现存面积最大、保存最完整的中亚热带森林生态系统及地带性常绿阔叶林群落，生物资源十分丰富，福建武夷山国家级自然保护区是我国第一批公布的五大重点国家级自然保护区之一，也是联合国教科文组织"人与生物圈计划"保护地，世界自然基金会（WWF）评定为具有全球保护意义的A级自然保护区。武夷山于1999年12月被联合国教科文组织列为《世界遗产名录》，成为世界"自然和文化遗产"保护地。武夷山的植被有明显垂直分带现象，植物种类繁多。

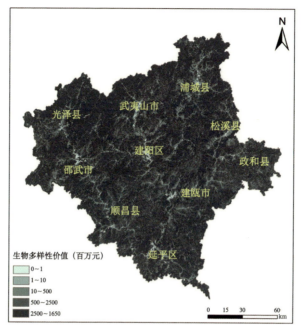

图4.7 2017年南平市各区域生物多样性价值

四、生态系统服务价值空间分布不均

南平市生态系统服务价值受各生态环境自然禀赋条件差异的影响，其生态系统服务价值空间分布不均，主要分布在建瓯市、建阳区（图4.8）。2017年，建瓯市生态系统服务价值和人均生态系统生产总值分别为298.3亿元和5.5万元/人，占南平市总生态系统服务价值和人均生态系统生产总值的15.7%和77.8%，同时远远高于其他县（表4.10）；2017年，建阳市生态系统服务价值和人均生态系统生产总值分别为256.6亿元和7.14万元/人，建阳生态系统服务总值占南平市总生态系统服务价值的13.5%，且人均生态系统生产总值超过南平市的7.07万元/人。松溪县生态系统服务价值相比于南平其他县（市）而言较低，低于100亿元。从各县（市）生态系统服务价值分布（图4.8）看，生态系统服务价值量中部高于周边地区，整体趋于均衡，除松溪县以外，其他地区生态系统服务价值均高于100亿元。建阳区位于南平中部区域，素有"林海竹乡"之称，境内森林资源居福建省第四位，为中国南方重点林区之一，其森林面积18万公顷，森林覆盖率75.1%，木材蓄积量1250万m³，毛竹6312.99万根。境内黄坑大竹岚19km³范围为国家重点保护区,是武夷山国家级自然保护区的核心部分,区内原始森林里有众多珍稀树种、名贵药材、珍禽奇兽,被誉为"昆虫世界""蛇类王国""鸟的乐园""世界生物圈保护区",是闻名中外的生物标本采集胜地。建瓯市植被属中亚热带常绿阔叶林地带性植被,全市植被类型多样。

表4.10　南平市不同区域生态系统服务价值核算结果对比表

地区	时间	生态系统服务价值（亿元）	人均生态系统生产总值（万元/人）	单位面积生态系统生产总值（亿元/km²）
光泽县	2017	173.17765000	10.369919162	0.07730013
建瓯市	2017	298.26742417	5.452786550	0.07100390
建阳区	2017	256.60865012	7.147873260	0.07582246
浦城县	2017	247.92014662	5.660277320	0.07339955
邵武市	2017	216.21805308	6.930065804	0.07517106
顺昌县	2017	148.29757204	6.028356590	0.07490166
松溪县	2017	75.56471439	4.497899670	0.07242153
武夷山市	2017	209.23917870	8.754777350	0.07463771
延平区	2017	219.29922648	4.316913910	0.08263372
政和县	2017	122.52193549	5.191607440	0.07004636

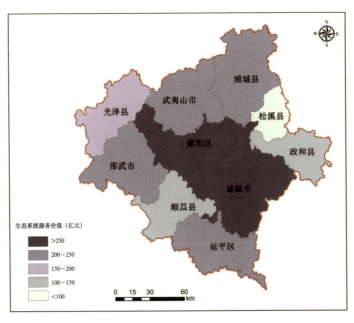

图4.8　南平各县（市）生态系统服务价值分布

五、森林生态系统服务占比大

南平市生态系统服务价值从产品供给服务、调节服务、支持服务和文化服务价值来看，2009年和2017年南平市森林生态系统服务价值高于其他生态系统服务价值（图4.9）。2009年、2017年森林生态系统服务价值分别为1527.3亿元、1665.98亿元，分别占南平生态系统服务价值的87.87%、87.94%，其次是水系生态系统和农田、湿地生态系统，森林、水系、农田、湿地生态系统服务价值2017年比2009年分别增加9.08%、8.78%、8.93%、7.39%，南平森林生态系统单位面积生态价值2009年为0.0007亿元/km²，水系生态系统单位面积生态价值为0.0041亿元/km²，农田生态系统单位面积生态价值为0.0001亿元/km²，湿地生态系统单位面积生态价值为0.0017亿元/km²。南平森林生态系统单位面积生态价值2017年为0.081亿元/km²，水系生态系统单位面积生态价值为0.0045亿元/km²，农田生态系统单位面积生态价值为0.00014亿元/km²，湿地生态系统单位面积生态价值为0.0018亿元/km²。2017年，南平市森林生态系统单位面积生态服务价值最高，其次为水系和湿地生态系统，且森林生态系统单位面积价值增长翻倍，水系增长9.76%，农田增长40%，湿地增长5.88%。

图4.9 南平市2009年和2017年生态系统服务价值

从产品供给、调节服务、支持服务和文化服务来看，南平市调节服务价值最高，2009年和2017年调节服务分别为1205.034亿元和1313.339亿元，占生态系统总价值的69.33%和69.32%，其次为支持服务价值、文化服务价值、供给服务价值。调节服务价值大都大于150亿元，主要是大范围森林生态系统的贡献（赵同谦等，2004），见图4.10和表4.11。2017年与2009年相比，供给服务价值增长9.04%，调节服务增长8.99%，支持服务增长9.01%，文化服务增长8.98%。调节服务价值在南平市北侧县（市）占比大，主要是武夷山有林地林业资源丰富。2017年，南平市气候调节和水文调节价值占调节服务价值的37.18%和38.12%。

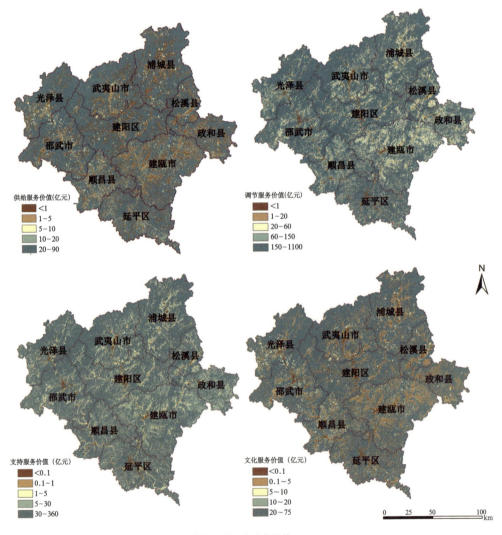

图4.10　2017年南平市四大功能价值

表4.11　2009年和2017年南平市不同生态服务功能价值

分类	二级分类	生态系统服务价值（亿元）		比例（%）	
		2009	2017	2009	2017
供给服务	食物生产	33.197	36.161	1.910	1.910
	原料生产	45.922	50.074	2.642	2.643
	水资源供给	9.628	10.539	0.556	0.556
调节服务	气候调节	447.840	488.249	25.766	25.772
	气体调节	158.413	172.688	9.114	9.115
	净化环境	139.151	151.701	8.006	8.008
	水文调节	459.630	500.701	26.444	26.429
支持服务	土壤保持	181.363	197.749	10.434	10.438
	维持养分循环	15.424	16.812	0.887	0.887
	生物多样性	170.979	186.356	9.837	9.837
文化服务	美学景观	76.579	83.455	4.406	4.405
生态系统总价值		1738.126	1894.485	100	100

六、二级分类价值综合分析

南平市食物生产、原料生产、水资源供给、气候调节、气体调节、净化环境、水文调节、土壤保持、维持养分循环、生物多样性、美学景观价值低值区集中分布在建设用地和水系附近，高值区与森林覆盖范围有关。

1. 供给服务二级服务价值

相比于调节服务、支持服务和文化服务而言，南平市供给服务价值较低。从供给服务价值的二级分类服务价值贡献来看，原料生产>食物生产>水资源供给；从空间分布情况来看（图4.11），南平市北部县（市）食物生产价值量高于南部地区，低值区集中分布在武夷山市、建阳市、邵武市、延平区的建设用地区域。相比其他区域，武夷山市与光泽县交界区域原料生产价值高，高值区集中分布，南平大部分区域原料生产价值集中在0.50亿~1亿元，其次是10

亿～50亿元。水资源供给价值在南平全域范围大部分分布在0.5亿～2亿元，尤其是在建瓯市、顺昌县大部分区域的水资源供给价值都低于15亿元。

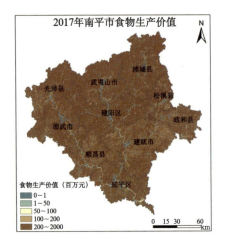

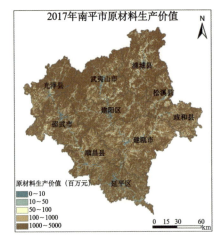
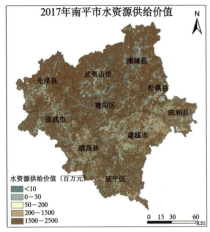

图4.11　2017年供给服务二级分类生态系统服务价值

2. 调节服务二级服务价值

南平市调节服务价值最高。从调节服务价值的二级分类服务价值贡献来看，水文调节>气候调节>气体调节>净化环境。从空间分布情况来看（图4.12），南平市北部县（市）气体调节价值量高于南部地区，低值区集中分布在建瓯市；南平市各县（市）大范围的气候调节价值都偏低，尤其是水系干流流经的范围（建设用地主要分布区域）；南平净化环境价值与气体调节价值相当，大区域范围高于20亿元；水文调节价值除了水系支流区域的建设用地区域低于0.1亿元处,大部分都高于150亿元,属于调节服务价值中的主要贡献力量,尤其是在武夷山市林地资源富足的西北部区域。

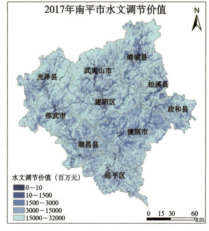

图4.12 调节服务二级分类生态系统服务价值

3. 支持服务二级服务价值

南平市支持服务价值仅次于调节服务价值。从支持服务价值的二级分类服务价值贡献来看,土壤保持>生物多样性>维持养分循环。从空间分布情况来看(图4.13),南平市北部县(市)土壤保持价值量高于南部地区,低值区集中分布在建瓯市、建阳区、浦城县、邵武市,高值区分布在森林覆盖的大部分区域,如武夷山和光泽县区域,土壤保持价值高于20亿元;南平市各县(市)

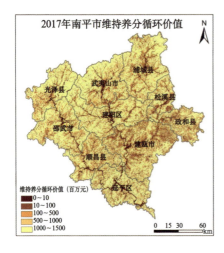
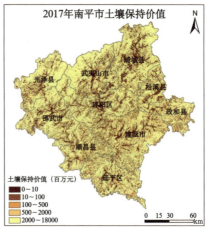

图4.13 支持服务二级分类生态系统服务价值

大范围的维持养分循环价值低值区集中在南平的东南部地区，如建瓯市、政和县，价值量低于5亿元；南平生物多样性价值与土壤保持价值相当，大区域范围高于25亿元，生物多样性价值与林地、湿地覆盖量和分布有密切联系，土壤保持价值量高的地区，生物多样性价值也具有相似的分布特征。

4．文化服务二级服务价值

基于当量因子法核算美学景观价值，从美学景观价值的空间分布来看（图4.14），高值区分布在林地资源丰富的区域，低值区在水系附近。其中，武夷山市、光泽县有大范围的高值区，对美学景观价值贡献高；南平市美学景观价值分布不均，武夷山市、建阳区大部分区域美学景观价值高于25亿元，主要受到丰富的林业资源的影响，南平市南部各县（市）美学景观价值偏低，尤其是顺昌县、建瓯市，受到农田用地分布的影响，导致文化服务价值没能发挥最大功能。

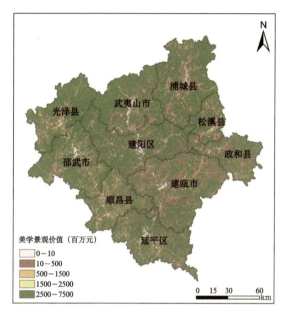

图4.14　2017年南平市美学景观价值

七、土地利用和经济因素对核算期生态系统服务变化的影响

2009年和2017年南平市森林生态系统、湿地生态系统、水系生态系统和农田生态系统的面积变化不大，虽然略有下降，但基本处于持平状态，南平市生态系统服务价值从2009年的1738.1亿元增加到1894.5亿元，增加了9.0%。2017年南平市生态系统服务价值中，水文调节>气候调节>土壤保持>生物多样性>气体调节>净化环境>美学景观>原料生产>食物生产>维持养分循环>水资源供给价值，其中，水文调节和气候调节价值量高，各占南平市生态系统服务总价值的26.43%和25.77%，南平市2009年森林覆盖率有74.7%，建设用地面积占总面积的2.4%；2017年森林覆盖率有77.35%，建设用地面积占总面积的3%，建设用地面积增加19.4%，导致建阳区建设用地扩张区域生态系统服务价值有所降低。这表明土地利用类型中森林资源的覆盖变化、建设用地因素（刘永强

等，2015年；王宗明等，2004）是影响调节服务价值核算的主要原因。生态系统的服务价值变化的研究对区域土地利用或覆被的控制有着积极作用（喻建华等，2005）。具体分析原因可知，森林资源覆盖面积大，且近十年面积变化不大，因此生态系统服务价值中水文调节价值和气候调节价值都较高，对南平市生态系统服务价值核算具有较大影响。

2017年，南平市不同土地利用类型对生态系统服务价值贡献率从高到低排序为林地、水系、农田、湿地、草地、荒漠、裸地、建设用地，由于近十年林地面积变化不大，2009年和2017年生态系统服务价值分别为1527.3亿元和1665.98亿元，森林生态系统贡献率基本持平，生态价值量相对稳定，建设用地面积近十年增加了19.4%，拉低了南平市部分县（市）的生态系统服务价值。在近十年发展过程中，南平土地利用的变化对生态系统服务价值有主要影响，农田面积降低0.44%，生态系统服务价值增加8.9%。这与南平市城市生态建设和土地整理政策等有关。南平市2009年和2017年GDP分别为730.32亿元和1792.51亿元，增长了145.4%，表明经济持续发展降低了当地人口对森林经济的依赖性。

本章从供给服务、调节服务、支持服务和文化服务四方面对南平市2009年和2017年的生态系统服务价值分别进行核算，综合评价了其生态系统服务价值，得出随时间的推移，GDP快速增长而生态系统服务总价值并未降低，这表明南平市在发展经济的同时注重对生态环境的保护，污染整治及生态修复成效显著，生态治理能力不断提高，对环境认知和支付意愿也在不断提升。在此GDP与GEP同步发展目标下，生态银行将推动自然资源产权改革，引入专业运营商对生态系统整体的可持续经营，提升自然资源生产率，加快引进绿色产业，推动产业生态化、生态产业化。

第五章

南平市生态银行
技术支撑

南平市建阳区仙牛湾/南平市自然资源局提供

生态环境问题往往涉及尺度大、部门广、过程复杂、驱动因素众多，需要长期的数据积累才能解决，大数据技术为解决当前复杂的生态环境问题带来了新的机遇，是推动生态文明建设的重要保障措施。以建设生态环境大数据为抓手，构建基于大数据技术的生态环境治理体系，推动生态环境治理能力现代化，是推动生态文明建设的重要保障措施。以生态银行为契机，将多源大数据平台服务与自然资源深度结合，可以为自然资源前端确权、中端整合、后端资本注入提供定量化、精细化决策管理，实现信息服务多样化、专业化和智能化。除此之外，通过大数据平台优化布局优化流程，帮助提升自然资产增值能力，全面形成良性循环，也可为经济可持续发展和生态文明建设奠定基础。

第一节 多源生态大数据获取

多源一体化遥感是观测地球最有效的手段，已广泛应用于自然资源评估与监测、气象数据及其他各类统计数据分析。具体表现在：基于可视化自然资源勘查系统能够以更加直观生动的方式将历史数据进行整合，并与新的多源遥感数据联动进行大数据分析，对生态银行标的物在碳汇、涵养水源、保持水土、净化空气等方面的生态价值进行高频次高效统计分析，为自然资源评估与动态监测提供精准化、智能化帮助。

一、获取技术

1. 山地资源大数据获取技术

山地占据全球陆地表层空间约24%，中国山地面积更是约占陆地国土面积的65%。山地具有集中而丰富的生物气候垂直带谱，在维持生物多样性、调节区域气候和涵养水源等方面具有重要的生态服务功能，是社会发展的资源基地和重要的生态屏障。

山地遥感研究主要包括以下几个方面的内容：①电磁波与山地地表相互

作用机理及建模理论；②山地遥感数据时—空—谱归一化处理方法；③山地地表信息遥感建模、反演与同化方法；④山地遥感尺度效应与算法/产品验证；⑤山地遥感信息综合应用等。山地遥感的各个研究内容不是孤立的，而是相辅相成的，并将随着遥感科学相关研究的发展而不断深化。

2. 水资源大数据获取技术

水资源遥感的应用方向主要包括水信息的采集和处理，水资源的规划与开发、评价与管理，水利工程的勘查、设计、施工，地下水环境和地质环境的监测、评价和治理等。遥感数据具有周期短、信息量大、成本低等特点，为水文与水资源提供的丰富的数据源主要包括降水、蒸散发、地表径流、地表特征、洪涝、积雪、地下水、水环境等方面。

水体及其污染物质的光谱特性是利用遥感信息进行水质监测与评价的依据，比如，可以利用水体叶绿素与富营养化之间的关系研究滇池水体污染与富营养化状况；利用卫星遥感资料估算渤海湾表层水体叶绿素的含量，建立叶绿素含量与海水光谱反射率之间的相关模式，定量地划分有机物污染区域；利用水体热污染原理先后对湘江、渤海、海河、闽江、黄浦江等进行红外遥感监测。

3. 农业资源大数据获取技术

农业大数据获取指的是利用信息技术对农业要素进行数据采集、传输的过程。农业大数据主要包括农业生产环境数据、农业网络数据、农业市场数据和动植物生命信息数据。我国农业农村数据历史长、数量大、类型多，但长期存在核心数据缺失、共享开放不足、开发利用不够、无统一标准从而无法满足体系化大数据分析及应用的要求等问题。随着农村网络基础设施建设加快和网民人数的快速增长，农业农村数据载体和应用市场的优势逐步显现，各种类型的海量数据快速形成，发展农业农村大数据已逐步具备了良好基础和现实条件，为解决我国农业农村大数据发展面临的困难和问题提供了有效途径。而当代自动化、智能化、规模化的农业大数据获取能力，是帮助生态银行系统在农业资源领域发挥更大作用的重要基础。

为了实现农业大数据的体系化应用的目标，农业资源多源大数据获取系统将建立统一的农业大数据标准，包含多平台多传感器遥感数据一体化定量化标准体系、农作物遥感特征库、数字化农机通讯协议体系、耕地历史产能统计格式、农业生产过程数据标准、多源数据交互协议等，并在一定范围内具备非标准数据纠错与关键信息提取能力。

4.林业资源大数据获取技术

林业资源在我国分布区域辽阔，而遥感技术在林业中的应用非常广泛，主要包括林地一张图、森林生态系统服务功能评估、森林信息管理与分析、森林火灾与病虫灾遥感监测等。遥感技术在空间分辨率和光谱分辨率方面的提高，以及雷达遥感、航空遥感和无人遥感飞机的发展，为林业遥感提供了丰富的信息源，拓宽了林业遥感应用的深度和广度，给森林资源清查和监测工作提供了强大的信息保证。

应用林业遥感技术可以在短时间里掌握大面积的林业资源状况及变化情况。为了提高林业资源调查和监测的精确程度和速度，可利用抽样技术，建立林业遥感技术不同高度的遥感平台，获得多层次遥感资料，再配合多阶抽样技术，有效提高林业资源调查和监测的速度和精度。林业资源的再生性和周期性等特点，决定了林业遥感技术必须保证林业资源信息监控和调查的动态性，实现多时相遥感和动态遥感。林业遥感技术得到的林业资源信息是定量的数据，方便林业资源管理、调查和监测，林业用地面积和森林蓄积量的定量监控则是林业资源调查和监测的基础性工作。对林业资源进行准确的评估以及监测，是自然资源评估与监测的最重要环节。

5.湖泊资源大数据获取技术

遥感技术由于能够快速、宏观的获得研究区域的数据，已成为湖泊环境动态变化监测的重要技术手段。高分辨率的卫星遥感图像不仅可以为准确判读湖区地质地貌、自然与人为作用下的环境变化、盐湖矿产资源的分布等提供直观的影像，还能为湖泊水质监测、水深检测、水面温度反演以及盐湖卤水动态分析提供有价值的信息。遥感技术在湖泊环境变化研究中的应用正逐步从定性发展为定量研究，因此，对于区分湖泊水体中不同组分对遥感图像各光谱值的贡献等遥感机理的认识及理论尚需进一步深化，同时需要对处理遥感数据所运用的统计分析方法做进一步的改进以建立更加完善的遥感模型。

6.茶叶资源大数据获取技术

茶叶资源作为一类特殊的农业资源以及南平市的重要特色资源，在自然资源估值与应用体系中，占有很高的比重。茶叶资源在生态银行体系中的主要价值及应用方向包括茶叶产能、旅游开发以及碳汇交易等多个方面，需要借助多源大数据进行全面的分析及评估，以便最大化发挥茶叶资源的价值和潜力。

由于茶园通常位于山坡上，要实现精准化智能化的遥感监测，对遥感数据几何校正以及立体特征重构提出了更高的要求，多源大数据获取系统将针对茶园的特殊性，开发相应的功能模块，确保星载、机载及其他传感器能够实现高精度融合配准，满足多源大数据分析的需求，进而结合自然资源"一张图"系统，为茶叶种植提供实用的数字化服务，包含生长健康状态监测、病虫害预警、降肥降药、产品全程溯源体系等，帮助茶叶资源在生态银行的运作与经营过程中实现增值，创造更高的效益。

7. 土地资源大数据获取技术

遥感技术应用于土地资源调查，不仅具有信息多、效率高、多层次等特点，而且与传统方法相比较具有费用低、速度快、精度高、周期短的优势。

土地资源调查包括土地权属调查、土地利用现状调查、土地利用变更调查，其中在土地利用变更调查中，遥感作为最快速有效获取数据的方法，通过遥感获取原始的遥感影像图，由有经验的遥感技术人员结合计算机辅助技术解译影像，进行影像的融合、增强、变化、几何校正等处理，再根据正射影像图制作流程，生成数字正射影像图（DOM）。GPS技术可以快速精确地进行空间定位，以调查区域现有底图资料为基础，采用GPS技术对境界权属、地类、线状地物、零星地类、耕地坡地、田坎系数等进行实地调查，并准确记录土地利用变化的空间坐标信息。应用GIS完成土地利用更新建库及管理，利用遥感影像人机交互判读系统，内业可将部分影像特征明显的地类界线、含线状地物、权属界线勾绘出来，然后利用GIS技术将解译的内容矢量化成图。

土地资源遥感调查综合考虑了土地资源的自然和社会经济属性及其与生态环境一致性的要求，按照遥感数据特点，可进行土地利用/土地覆被分类体系、土地退化监测与评价指标体系和土地资源可持续利用评价指标体系的研究及其信息提取与评价方法的研究，并建立不同尺度的土地资源与生态环境遥感监测评价指标体系；深入挖掘基于不同遥感数据的土地资源数量与质量的信息提取方法；并将监测与评价的指标应用于规划和政策制定，以指标体系为基点将监测、评价、规划和政策导向进行有机衔接，确定相关规划的指标体系，丰富土地资源与生态环境综合监测、评价、规划的理论与方法，为区域可持续利用规划和实施提供科学依据。上述相关关系，需要多平台多类传感器采集的大量数据进行综合性分析，得出更多更丰富的信息，进而为自然资源资产的保存与增值提供服务。

8.气象大数据获取技术

气象大数据是指所有与气象工作相关的数据总和。从来源渠道划分，气象大数据可分为"行业大数据"和"互联网大数据"两类。其中，"气象行业大数据"由与气象部门各项工作相关且产生自气象部门内部的所有数据组成，"气象互联网大数据"由互联网上与气象相关的所有数据所组成，包括移动终端搭载的气象要素传感设备的探测数据，网友随手拍并上传的天气状态照片，搜索引擎对气象相关敏感词的统计分析数据，其他所有可供气象部门业务和服务应用的互联网数据等。

通过庞大的云端气象模型，气象大数据获取技术结合实时从卫星采集的气象数据，提供未来2周内的降水预报，精确度高达85%，而未来2天内的预报精确度高达95%，同时，根据每块区域的坡度、降雨量和土壤性质，呈现精准的土壤含水量、土壤温度和土壤湿度情况；提供最优化的灌溉方案，确保作物根部充分吸收水分的同时，绝不浪费一滴水。冰雹、大风、干旱、洪涝等自然灾害都有可能会对农业与林业造成巨大损失，部分迁飞性害虫也会随风传播。大数据系统基于向前追溯50年的农业气象数据，可以对2~3周的天气状况进行预报，空间精度达到1km。

目前，大气环境污染问题日益突出，人们迫切需要能大范围实时监测大气环境质量，并有效地管理和迅速地处理这些信息。利用GIS可以管理海量的大气环境信息，维护复杂的空间图形和信息。利用GIS还可以进行大气污染评价、规划和决策等。

二、获取设备与标准化体系

自然资源监测、生态银行金融服务等应用对遥感影像数据的分辨率、时效性、覆盖能力等具有较高要求，单星或单系列卫星的服务模式均难以满足应用和服务需求，需要协同多颗卫星资源，通过制订科学的统筹利用方案，形成多源卫星影像协同获取的新格局。要创建这种新格局，需从以下几个方面着手。一是，基于虚拟星座的影像协同获取系统设计与仿真，充分利用现有国家民用空间基础设施规划和建设的卫星资源，构建虚拟星座，将在轨的不同类型传感器、不同重访周期及不同轨道高度的国内外遥感卫星虚拟地组合成一个具有多星联合工作能力、快速覆盖能力和信息采集能力的遥感卫星星座，最大限度地发挥多渠道影像资源，最大化保障影像数据源，并结合专业的多源影像优先策略，实现影像资源的最优化利用。

二是，建立基于民用空间设施、国际合作、商业应用的卫星遥感农林业资源观测虚拟星座系统，并配备标准化航空遥感系统（含无人机平台与有人机平台），与航天遥感器开展集同作业及一致性传递定标；建立多维度数据源的地面传感器采集系统，对航天航空大数据进行反补、验证、交互，最终形成完备的"天、空、地"一体化数据采集系统，在全球大数据产业爆发式增长的大环境下，促使我国先进的遥感器产业向商业化应用发展。

三是，保证定标的一致性和高精度。自然资源卫星遥感传感器在发射前必须进行高精度的实验室定标，但由于自身仪器元件老化及外部环境的变化等原因，传感器特性与发射前实验室定标结果相比存在差异，直接影响了卫星遥感数据定量化的精度和可靠性。此外，不同卫星的不同传感器，以及不同成像时间和不同的太阳光照条件与大气吸收情况，同样为遥感数据采集带来了不确定性。一致性传递定标技术是通过溯源的实验室定标装置将实验室定标基准传递到星载仪器的过程。星载载荷、机载标准载荷和成像地物光谱仪对测试外场同步获取地物信息，通过不同尺度要素将实验室标准传递到星载载荷，从而实现高精度定标。

四是，研制航空遥感标准传感器，建设数据标准化地面配套设施。在自然资源评估作业与监测过程中，确保归档数据的质量与可靠性是最重要的技术环节之一，通过研制航空遥感标准传感器，一方面能够成为数据采集源，为多源大数据分析系统提供高质量的自然资源遥感图像，另一方面也是一致性传递定标的重要环节与基准。此外，在地面建设虚拟星座数据标准化地面配套设施，能够进一步提高一致性传递定标的运算效率、时效性及精度。

第二节　自然资源大数据平台的构建

自然资源数据本质上属于公共产品，除极少数涉及国家秘密或商业秘密的信息外，理应尽可能以合理的方式共享公开。但在实际工作中，由于体制机制束缚、技术约束和现实障碍等使得信息资源对上不对下、"以邻为壑"、条块分割，产生了信息"孤岛"和数据"沉睡"现象。这种数据共享开放不足，数据壁垒、数据碎片化和信息不对称等问题，直接制约了跨部门、跨区域和跨行业的互联互通、协作协同和科学决策。因此，汇聚多源异构自然资源数据，并将汇聚的数据加工分析，挖掘数据价值，形成数据产品，实现动态资源数据评估、共享，体现数据价值，从本质上提高了生态银行信息化水平。

在深入分析南平市生态银行需求、难点及各单位的业务职能的基础上，进行项目定位分析，确定总体实施方案和南平市生态银行信息管理平台的总体规划和顶层设计。系统开发建设实施过程中，将遵循国家地理信息、地图数据生产与数字测绘产品质量、计算机软硬件、安全规范等国家和行业标准规范规定的各项技术规程和质量控制过程。

一、数据库的构建

（一）自然资源数据来源类型

自然资源是一个具有明显时域特性的领域。在信息采集和数量化表达上数据量大，难度也很大。利用RS、GIS、GPS、大数据等技术的融合发展，构成了一个功能完整和强大的多源大数据平台，为生态银行信息化提供强有力的技术支持，是快速获取和更新自然资源数据的重要手段。

多源大数据平台利用遥感系统可直接采集并提取自然资源的空间分布、健康状态以及农林业生产全程各时段资料、生态系统相关指标的变化情况，用物联网系统采集部分土地信息（如土壤养分等），应用地理信息系统将已有的自然资源信息资料整理分析，作为属性数据，并与矢量化高精度地图数据一起制成具有实效性和可操作性的管理信息系统，并基于传统的地图应用软件为各方用户提供高效的服务。基于多源大数据平台的建设，能够有效提升生态银行智慧化管理水平。

用于自然资源评估的数据来源包括以下类型。

（1）卫星遥感数据：包括各种民用遥感卫星数据源、高分辨率卫星数据源，以及国内外商业卫星数据，通过统一的辐射定标、光谱定标及几何标定校准体系，在自然资源"一张图"系统中实现智能化融合应用。

（2）航空遥感数据：包括无人机平台与有人驾驶飞机平台搭载的各类多光谱相机、高光谱相机、测绘相机、激光雷达等仪器采集的遥感数据，通过统一的辐射与光谱定标基准传递标准以及几何配准算法，在自然资源"一张图"系统中与卫星遥感数据进行融合处理。

（3）地面定点遥感及物联网数据：包括铁塔或其他定点位置装载的各类多光谱相机及高光谱相机成像数据，以及地面安装的土壤温湿度、空气温湿度、空气质量、二氧化碳含量、光照计量等传感器数据，成像数据通过统一的辐射与光谱定标基准传递标准，以及几何配准算法，在自然资源"一张图"系统中与卫星遥感数据、航空遥感数据进行融合处理、与时相叠加，其他传感器数据按照固定标准存入自然资源"一张图"系统的指定位置，并与遥感影像进行关联性分析，通过大数据技术，不断完善各类数据的应用判读技术体系。

（4）金融数据：主要包括自然资源在近些年内参与各类产业的相关情况，包含但不限于碳汇交易、生态旅游、现代农业、文化创意等领域中的相关数据记录，对自然资源作为资产的已有条件进行统计，结合各类遥感数据与传感器数据，进一步判别自然资源在相关产业的潜力，并为自然资源的集中化收储及应用规划提供输入条件。

在此基础上，围绕生态银行各试点区域的主体业务开展数据收集工作，涉及国土、林业、环保等多个部门的基础数据、自然资源数据和空间规划数据，基于政务信息网络与分级存储基础架构，严格遵循国土等行业数据库标准开展数据库详细设计。采用Oracle Partitioning和国家2000坐标系统物理布局各地区同主题要素数据科学规划资源数据库的逻辑与物理布局，确保资源数据库的信息基础设施作用的发挥。

以数据库详细设计为指导开展数据格式转换、空间化处理、坐标系统转换；分析核实数据的空间位置、图形走向、面积大小；创建属性信息表，核对、录入属性内容；对部分常查阅使用的纸质材料进行扫描、规范分类与命名数据整理工作，采用ArcGIS+Oracle技术组织存储矢量数据，建立自然资源数据库。采用大表与表分区技术组织数据，即覆盖项目范围内的同一专题的同一空间要素实体（如地类图斑、线状地物）存储在一个物理表中，并通过行政区进行范围分区（range patition）；采用Oracle ASM技术存储数据，将数据存储到开发的Open SAN环境中；利用ArcGIS提供的网格索引技术对空间要素建立索引。通过集中与分布式管理相结合、多级备份、相互印证、相对独立的数据管理机制来实现数据的统一管理、维护和服务以及数据的互联互通，为海量内容的核心数据库高效管理和高性能共享利用提供支持。

（二）数据封装标准

生态银行在南平的运行模式倾向于对自然资源进行集中化收储及规模化整治，以便更大化、体系化地发挥其价值。对于在规模化、集中化收储与整合情况下进行评估及管理的自然资源，其数据封装存储需求有以下特点。

（1）充分体现规模化、集中化收储与整合的优势，在遥感数据、传感器数据的解读中，充分体现全区域生态系统联动性良性循环的价值，以及分类在不同产业开展应用的互补性。

（2）合理分配并记录各贷方主体在集中化自然资源系统中的占比份额，包含其自身价值、金融数据，以及与周边其他相关资源的相互作用价值。

（3）合理分配网络资源，节省核心数据所耗费的硬盘容量与计算量，与"一张图"底图、客户端发布系统地图瓦片等标准数据进行高效融合式调用。

因此，封装的核心数据格式包括以下内容：自然资源所属地块的编码信息；集中收储与整合前各子地块的分布及权属信息；多时相遥感数据分析以及与标准参考基准的对比情况；往年金融数据及历史估值情况；当期估值及应用方向代码；定期动态监测情况；金融数据更新情况；与资源类型以及投放产业相关的其他重要信息。

核心数据包以区块链存储方式为主，并与数据中心中存储的以下数据相互调用："一张图"底图系统；客户端发布系统所调用的地图瓦片；客户端各功能模块所调用的网络程序；时效性过期，对估值与产业投放影响力降低的历史数据；与资源类型以及投放产业相关，但对估值与产业投放影响力较低的其他信息。

（三）数据中心系统组成

自然资源大数据平台数据中心系统是生态银行技术支撑体系的核心之一，以收集、处理、分发各类数据的方式，为生态银行大数据技术支撑服务提供平台。该系统由以下部分组成。

（1）自然资源一张图系统大数据云计算中心。该中心实时采集自然资源数据，实时了解自然资源资产相关产业资讯、价格、方向、信息，为自然资源智能化评估、生态产业收益精细化、自然资源资产相关产业发展方向、产品定位、商业化、成果转化及信息化板块提供关键的数据服务与支撑，形成核心竞争力，将自然资产的评估、管理与价值提升等全链路流程推向信息化、数字化、智能化。

（2）自然资源一张图系统大数据湖存储中心。该中心采用不同于传统数据中心的蓝光存储技术，在解决留存数据倍增的同时，成本只是普通电存储方式的1/10，为之后的自然资源大数据分析、自然资源相关产业大数据建模、自然资源大数据应用、自然资源大数据平台提供强有力的技术支持与数据源保障。未来大数据的价值是无限的，在服务于生态银行的同时，为开拓其他领域的应用提供了无限可能。

（3）自然资源溯源区块链系统共识校验中心。该中心与溯源与交易数据区块链系统开展联动，存储大容量通用数据，以及区块链封装数据包中的子数据过程分析数据，并与区块链存储数据以加密的形式进行相互校验，如果与区块链封装数据存在出入，则按照优先信任区块链的原则，进一步向前溯源，直至校验通过。通过与区块链相互调用，在进一步保证区块链不可篡改性、安全性等优势的前提下，节省网络资源，提升应用效率。

二、自然资源信息管理系统构建

在应用系统建设方面，面向生态银行各项业务，统一标准、统筹规划，开展系统详细设计工作。基于J2EE架构，采用B/S计算架构，以ArcGIS构建基础地理信息管理系统平台，采取"构件平台+业务搭建"的模式，为生态银行各应用系统提供良好的共性支撑平台。平台提供基础的、稳定的、强大的表单定制、流程定制、地图服务定制等功能，确保平台的安全稳定、功能全面、接口丰富、扩展性强。

深度挖掘利用ArcGIS Server功能和性能特性，利用ArcGIS Server SOAP API/REST API，提供WMS、WFS、WCS、WMTS等标准协议的数据和应用服务。定制开发展示与辅助决策子系统和基于Android平板电脑的"掌上自然资源"系统。重点围绕地图绘制渲染性能问题，通过动态与静态图层结合、逻辑图层、影像切片缓存、矢量切片缓存、场景切片缓存、直接数据库连接、优化索引格网等技术或机制，优化性能，主要实现综合展示、辅助决策、汇总统计等功能。

覆盖生态银行管理生命周期，定制开发各县（市）生态银行项目管理子系统，实现储备资源项目、资源整合提升项目、策划项目、运营项目等业务的成果管理。基于SOA分布式计算架构，对业务办理过程中涉及的辅助决策分析等GIS功能进行基于SOAP协议的Web服务封装，实现项目管理子系统和展示与决策子系统的联动。

从自然资源保护与开发利用的角度出发，远期目标就是建立起常态化的自然资源信息动态更新机制，综合运用"天地图—南平"、高复杂生态景观真实感建模、三维可视化、交互式数字地形编辑与场景合成、无线传感组网、模型库组织管理技术等技术，进一步完善已建成的各项功能，衔接资源交易平台，丰富面向公众与社会服务的应用，最终建立起覆盖面广、功能完善、技术先进、切合实际需求、业务化运行的生态银行信息化体系。

三、自然资源信息管理平台

南平市立足自身独特的自然资源优势，借鉴商业银行分散化输入和集中式输出的形式，在全国首创生态银行建设。按照"先筑巢后引凤"的模式，通过对农村地区碎片化自然资源的集中化收储和规模化整治，转换成集中连片优质高效的资产包，委托专业有实力的运营商进行运营，从而探索实践资源变资产成资本的途径，是促进绿水青山向金山银山转化的一项创新工作。

福建省地质测绘院创新搭建南平市生态银行信息管理平台，通过对南平市及下辖各县（市）、乡镇特色资源的调查摸底，形成自然资源大数据包，实现自然资源动态跟踪，为持续开展自然资源整合和经营开发打好坚实基础，继而在此基础上建设资源信息管理平台，对生态银行试点建设成果进行串联，实现全面、快速和准确地掌握自然资源的空间分布情况和统计信息，通过叠加分析，辅助项目选址、资源价值分析。覆盖自然资源单元和项目管理生命周期，实现储备资源信息、资源整合提升与项目运营信息的可视化管理，提高生态银行资源管理效率。创新引入移动化管理模式，实现随地随地查看家底、做分析、助力现场办公和实地勘验，为持续探索推进绿色产业的转型升级和可持续发展，推动林业增效、农业增收、文旅增值的深入实践提供帮助。管理平台部分截图如图5.1和5.2所示。

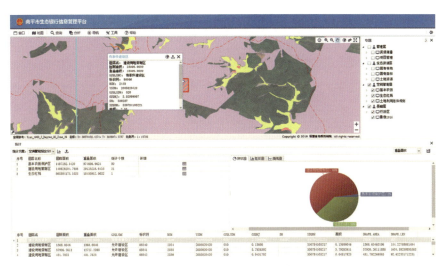

图5.1 南平市森林生态银行管理平台界面

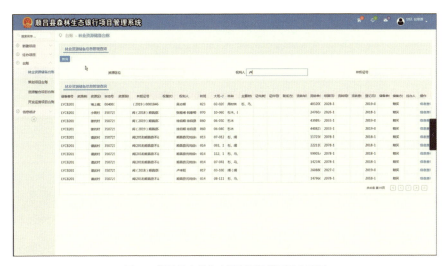

图5.2 顺昌县森林生态银行项目管理平台界面

南平市通过搭建生态银行信息管理平台，实现了自然资源管理系统，实现了自然资源数据的"一键管理"，同时信息平台提供了生态资产、生态项目等查询、发布功能，作为生态资产交易信息中介。生态银行信息平台为山水林田湖草生命综合体的可持续经营提供了数据基础，同时为地方政府产业精准决策提供了大数据工具，辅助走出一条生态文明建设和经济发展相得益彰的路径。

四、自然资源评估大数据平台

生态银行需先整合自然资源，应当以先进的技术手段为支撑。因此，通过先进的技术手段对自然资源进行高效准确的量化评估，是生态银行健康运行与项目落地的重要技术支撑。自然资源评估更多地关注自然资源的存量与动态情况，是生态学与经济学相结合的产物。生态系统评估更侧重于生态系统结构及其生态产品和服务功能等。

传统的自然资源评估方式以地面调查为主，效率相对低下，并且受调查人员主观意识影响较大。随着科学技术的发展，近些年来，遥感、地理信息系统、互联网大数据等技术逐渐在自然资源评估中开始发挥作用，对自然资源评估工作起到了积极的作用。自然资源评估大数据平台，正是将上述技术进行有机结合，基于丰富的卫星遥感数据、航空遥感数据、地面遥感及物联网数据，引入多源数据标准化体系与相关配套设施，并结合人工智能技术，形成规模化、智能化、标准化的多源大数据自然资源评估系统。

第三节 自然资产大数据平台的构建

自然资产是在自然资源和生态系统服务功能两个概念的基础上发展起来的，是两者的统一和结合。随着社会经济的发展，自然资源、生态环境及其对人类的服务功能也开始逐渐被人们认为是一种自然资产。自然资产与生态贮存、生态服务和生态功能可以说是同一事物的不同方面。因此，自然资产评估不等同于传统经济学意义上的资产评估，经济学上的资产评估主要是对经济实体进行相对直观的价值评估，直接为生产和生活服务，而自然资产评估则是以生物资源和相关区域生态系统质量状况为主要对象的评估，是生态保护和生态系统管理的一部分，为保持良好的区域生态环境而服务。自然资产评估的价值核算不能简单地等同于绿色GDP核算，绿色GDP包括资源核算和环境核算，而自然资产评估的价值量核算部分包括生态系统服务价值和生物资源所提供产品的价值，是整个区域生态系统的综合测定，可作为绿色GDP核算的一部分。

传统主流经济学认为物品和服务的价值由市场的需求与供给均衡所决定。根据生态经济学、环境经济学和资源经济学的研究成果，自然资产评估的方法总体可分为四大类：①直接市场法，包括市场价值法、机会成本法；②替代市场技术，包括费用支出法、旅行费用法、享乐价格法；③创建市场技术，又称条件价值法，包括防护费用法、恢复费用法、影子工程法；④空间—能值分析技术，包括生态足迹法、能值分析法等。

多源大数据评估系统将上述四类方法进行有机结合，借助不同类型的大量数据，开展智能化大数据分析，充分考虑自然资源占地面积、健康状况、发展趋势、与周边联动效应、土地条件、气象条件等全方位信息，自动得出初步估值，并与历史金融数据进行闭环校验，最终得出自然资产估值以及建议应用产业，并将估值情况封装归档在大数据中心以及溯源区块链系统当中。

第四节　生态大数据指数信用平台

根据自然资源链条的划分，目前自然资源大数据需要集中监测的数据主要在生态环境与资源、运行、市场和管理等领域。作为生态银行的抵押物以及投放到相关产业的资源资产，确保所有自然资源资产都能得到有效保护，并按照规划开展产业运行，是护航生态银行有效运行，促使绿水青山高效转化为金山银山并形成真正良性循环的重要保障条件。

传统监管通常采用地面调查的方式，但由于工作量大，效率相对低，难以实现高频次调查与监测，严重影响发现问题以及采取相应措施的时效性。随着遥感与地理信息系统等技术的发展，自然资源抵押物的监管工作效率得到了大幅提高，但仍然以人工辅助判读为主，且由于数据来源不同，传感器特性不同，质量参差不齐，导致监测工作仍然存在一定的局限性。生态大数据指数信用平台将上述技术进行了有机结合与升级，基于丰富的卫星遥感数据、航空遥感数据、地面遥感数据及物联网数据，引入多源数据标准化体系与相关配套设施，并结合人工智能技术，形成规模化、智能化、标准化的多源大数据自然资源完好性及使用情况监测系统。

自然资源的监管过程时间跨度长，涉及因素多，为了实现有效监管，并对异常情况及时采取最佳应对措施，监管过程所获取并归档的数据真实性尤为重要。因此，应该采用区块链的形式对自然资源监管所涉及的重要数据进行封装存储，并与溯源和交易系统相互调用。

一、动态监测与信用评测

对于完成规模化收储与整合，并完成估值与抵押，向对口优势产业投放运营的自然资产，生态银行系统必须进行持续监测，一方面确保自然资源的完好性，使其免受人为因素或自然灾害的破坏，进而确保生态银行贷款抵押物的有效性；另一方面监测自然资产的使用情况，确保自然资产按计划使用并实现升值。对于监测反馈情况良好的自然资产，系统将上调其对应所有方的信用指数评分；对于情况不佳，尤其是主观性人为因素破坏自然资源、不按照产业规划使用自然资源等行为，系统将下调其对应所有方的信用指数评分；对于自然灾害或可控人为因素破坏自然资源，系统将提供及时预警服务，帮助所有者与经营者及时采取措施，避免损失或将损失控制在最小限度。

信用指数评分及相关依据将以标准形式存储于区块链系统中，不可篡改，可信度与权威性有保障，该项评分将直接影响自然资源所有者与经验者在后续生态银行业务中的贷款额度、利率优惠等权益，促使生态银行相关业务的参与者规范其经营行为，保障自然资源资产的完好性以及产业经营的效益。

二、溯源与交易数据区块链系统

自然资源可溯源编码与认证系统通过为自然资产建立全程溯源档案，能够进一步提升资源、资产本身的附加价值，进一步促进资产增值。由数据中心与云计算系统向区块链系统提供自然资源评估与监测数据，并进行联动性共识互检封装，为资产增值提供助力。

该系统充分利用遥感、遥测、大数据分析与应用、网络安全、区块链等多项技术，实现对自然资源的信息化、智能化动态追踪记录，并借助区块链技术，保障数据档案的安全性、不可篡改性与可信度，随时查询到特定自然资源的主要信息，包含生长期多源遥感数据、土地遥测数据、气象信息、碳汇信息以及数据分析报告等。

多源大数据在各个环节连续获取数据，并开展常规应用评估及大数据分析工作，数据应用的相关成果是生态银行为绿色资源估值，并确保存储资源安全性的重要手段，而数据的安全性与公信力则是大数据系统健康运行的关键要素。区块链技术以去中心化、不可篡改性等特点，成为了公共数据安全存储的重要手段。多源大数据应用涉及的数据量与运算量巨大，仍然需要传统数据中心与云计算的参与，而对数据入口与出口的控制与保障，及其与传统数据中心的联动机制，是加固区块链系统公信力，并保障运行效率的重要环节。

对传统数据中心+云计算+区块链的方式开展试点性应用，为参与区块链节点的行业内企业、单位、个人建立积分式激励机制，可使用在区块链中获取的积分，以提升生态银行贷款额度、贷款利率优惠、资产运营收益税收部分返还等形式参与资产增值的分红。

三、溯源与品牌建设

自然资源可溯源编码与认证系统充分利用遥感、遥测、大数据分析与应用、网络安全、区块链等多项技术，实现对自然资产从估值前期到产业开发应用及实施的全过程信息化、智能化动态追踪记录，有效监测其在抵押过程中的管理与开发合规性，动态记录其作为自然资产在向各产业导入后开发与应用的相关过程数据，并借助区块链技术，保障自然资产追溯数据档案的安全性、不可篡改性与可信度，对于自然资产而言，尤其是对于导入生态旅游、大健康、现代农业等产业的自然资产而言，建立长期的溯源编码与认证档案，有助于大幅提升品牌价值，并借助品牌力量进一步实现资产升值。

（一）生态旅游品牌

生态旅游是以有特色的生态环境为主要景观，以可持续发展为理念，以保护生态环境为前提，以统筹人与自然和谐发展为准则，并依托良好的自然生态环境和独特的人文生态系统，采取生态友好方式，开展的生态体验、生态教育、生态认知并获得心身愉悦的旅游方式。

生态旅游的关键在于旅游开发及经营过程中生态环境的保护，在全球人类面临生存的环境危机的背景下，随着人们环境意识的觉醒，生态旅游的概念迅速普及到全球，其内涵也得到了不断的充实。借助生态大数据指数信用平台，能够在生态旅游产业中实施"生态补偿"与"环保激励"举措，一方面通过多源大数据对景区的生态指数进行监测，对景区以及相关附属设施的建设和经营情况进行统计；另一方面通过手环式传感器或手机APP等手段对客流量以及游客的游览方式进行记录，并对步行、骑行等方式予以积分奖励，积分可用于景区周边各类消费，以及抵扣环保补偿税费等用途。结合上述两方面的动态作业，并制订合理的计算公式，能够得出"生态补偿"与"环保激励"的具体执行方式。以旅游行为影响消费——"环保旅行方式节省费用并获取奖励，非环保旅行方式多花钱"的形式，鼓励游客与景区经营者重视生态环境的维护，保护生态旅游景区的生态平衡和良性发展，并通过多景区联网"环保激励"及"景区智能助手"等手段，提升景区品牌形象，进一步实现自然资产增值。

（二）大健康品牌

大健康是根据时代发展、社会需求与疾病谱的改变，提出的一种全局的理念，提倡的不仅有科学的健康生活，更有正确的健康消费等。它的范畴涉及各类与健康相关的信息、产品和服务，也涉及各类组织为了满足社会的健康需求所采取的行动，其中，退耕还林、荒山造林、生态修复、水土保持等行动，是最具代表性的"大健康"举措，全面推进林业生态建设，以富集的自然资源全力迎接"大健康"产业时代的来临。

森林氧吧、富硒土壤资源、生态特色小镇等资源，都属于能够投放到大健康产业的自然资产。生态大数据指数信用平台能够通过多源大数据的手段，收集自然资产投放到大健康产业前后的相关信息，并形成全程溯源编码信息，提升产业相关产品与服务的自身品质及品牌公信力。

（三）现代农业"武夷品牌"

作为农业大市、资源大市，南平有很多特色优质产品，但缺少有影响力的品牌，"好产品"卖不出"好价钱"。为破解品牌困境，发挥武夷山"双世遗"品牌优势，实施"武夷品牌"建设工程，从优质农产品入手，制定绿色和健康标准，在统一质量标准的基础上，按照"四个统一"要求（统一质量标准、统一检验检测、统一品牌、统一营销），建立溢价增值分享机制，推动品牌营销运营全程市场化，实施"武夷山水"区域公用品牌。凡南平境内，经统一检验检测达到质量标准要求的农副产品，由政府统一授权使用"武夷山水"公共品牌，统一对外宣传营销，让"好产品卖出好价钱"。消费者通过产品追溯体系，让参与溯源编码与认证体系的高端农产品在鱼龙混杂的市场环境中脱颖而出，从根本上建立可信度，提升品牌形象，提升食品安全管理效率，对消费者负责，并基于该体系提升我国高端农产品在国际市场中的形象。

本章通过充分运用大数据，以自然资源大数据平台、自然资产大数据平台、生态大数据指数信用平台为技术支撑，在自然资源确权的基础上进一步完善自然资源一张图和一套表、构建了统一的价格体系、建立了共享网络平台，不断提升对资源环境、财政、金融等领域数据资源的获取和利用能力，实现了对经济运行更为准确的监管、分析、预测、预警，为资源转资产提供了依据和支撑。

第六章

南平市生态银行试点实践研究

匡山景区鸟瞰图/著者规划设计

著者依据各地区自身特点及资源现状，根据南平市各县区自然资源分布特点发和优势产业，因地制宜从林权、水权、农地使用权入手，根据各地实践，总结提炼出了浦城县生态银行、武夷山五夫镇文旅生态银行、顺昌县森林生态银行、建阳区建盏生态银行、延平区巨口乡古厝生态银行和南平市水生态银行等多种模式，就生态资源富集地区推动绿水青山转化为金山银山、生态保护与经济发展相协调的绿色发展进行了有效实践探索，打造了践行"两山"理论的"南平样板"。

第一节 浦城县生态银行试点成果

南平市是中央确定的福建省国有自然资源管理体制改革试点地区，浦城县作为市委、市政府和省国有自然资源资产管理局确定的改革试点先行县，通过积极开展"生态银行"试点工作，制定"一套表"、编制"一张图"，解决了自然资源家底不清、权属不明、数据重叠三大问题，为该县自然资源管理、开发打好了坚实基础，同时也为南平市其他兄弟市、区、县自然资源管理提供了可复制可推广的经验。

一、试点背景

浦城县位于福建、浙江和江西三省四地七县交界处，是"福建北大门"，辖19个乡镇（街道）300个村（社区），户籍人口43万人。县域面积3383 km^2，耕地面积3.58万hm^2，山地面积27.34万hm^2，是"全国商品粮基地县"和"省级生态县"，为"中国丹桂之乡""中国油茶之乡"。浦城县历史悠久、人文、自然景观丰富（图6.1和图6.2），人杰地灵，为朱子理学传承地，方志敏、粟裕等革命先辈曾在此战斗，为原中央苏区县、省级扶贫开发重点县。

图6.1　浦城战胜鼓、剪纸

图6.2　浦城自然景观

针对自然资源实现统一管理后首要面对的最突出、最棘手、最急迫的是家底不清、权属不明、数据重叠三大问题。积极开展生态银行试点工作，创新推动自然资源"五个一"工作任务，为自然资源管理、开发打好了坚实基础。

一是制定"一套表"。试点工作的第一环节是解决自然资源底数不清、权属不明的问题。通过对第二次全国土地调查数据、耕地后备资源调查数据、林业二类调查资源数据、河流岸线划定数据等10项自然资源数据的汇总整理，基本查清了浦城县国有自然资源的"家底"，并以"一套表"的形式体现。

浦城县国有土地面积17892.31hm²，约占县域土地面积的5.3%，其中，国有农用地面积12314.87公顷、国有建设用地面积2444.35hm²、国有未利用地面积3133.08hm²（表6.1）。林业部门认定的国有林地面积15809.81hm²，约占林地总面积的5.8%，其中，乔木林地14199.81hm²、灌木林地695.54hm²、竹林地441.72hm²、疏林地1.27hm²、未成林地272.05hm²、其他林地199.42hm²（表6.2）。国有森林蓄积量300.38万m³、毛竹204.68万株（表6.3）。

表6.1 浦城县国有自然资源"一套表"（土地资源） 单位：hm²

地类	国有土地资源													
	农用地					建设用地						未利用地		小计
	耕地	园地	林地	草地	其他农用地	城镇用地	村庄	采矿用地	交通运输用地	水利设施用地	其他建设用地	水域	其他未利用地	
面积	394.96	288.70	11573.48	0.00	57.73	445.04	505.96	21.68	1140.06	319.14	12.47	50.37	3082.71	17892.31

表6.2 浦城县国有自然资源"一套表"（林地资源） 单位：hm²

地类	国有林地资源						小计
	乔木林地	竹林地	疏林地	灌木林地	未成林地	其他林地	
面积	14199.81	441.72	1.27	695.54	272.05	199.42	15809.81

表6.3 浦城县国有自然资源"一套表"（森林资源） 单位：hm²；万m³；万株

地类	公益林								商品林							
	防护林		特用林		毛竹		其他林（含疏林等）		用材林		薪炭林		毛竹		其他林（含疏林等）	
	面积（hm²）	蓄积量（m³）	面积（hm²）	蓄积量（m³）	面积（hm²）	株数（万株）	面积（hm²）	蓄积量（m³）	面积（hm²）	蓄积量（m³）	面积（万株）	蓄积量（m³）	面积（hm²）	株数（万株）	面积（hm²）	蓄积量（m³）
资源量	8748.22	81.47	225.32	2.15	334.20	70.32	704.95	0.06	20705.67	215.29	0.00	0.00	623.91	134.36	1403.28	1.41

二是编制"一张图"。为了能够更加直观地展示国有自然资源现状,根据已收集的国有自然资源数据,开展数据库建设,并通过多图层叠加的方式,绘制国有自然资源"一张图"(图6.3),在"一张图"上,发现存在自然资源权属遗漏和交叉重叠的问题。

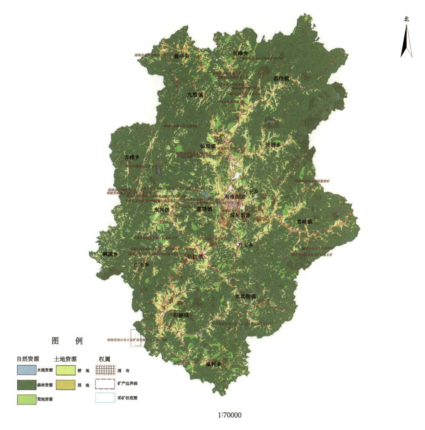

图6.3 浦城县自然资源分布"一张图"

三是实现"一本证"。在查清家底的基础上,依照《自然资源统一确权登记暂行办法》《福建省自然资源产权制度改革实施方案》文件规定,构建统一确权登记体系,实现了以统一的自然资源资产管理部门为所有权主体代表的自然资源确权登记,为自然资源资产处置制度改革提供了合法权源,具有重大现实意义。自然资源资产权证示例如图6.4所示。

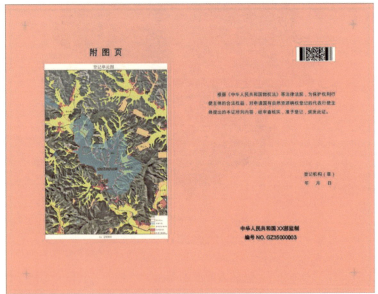

图6.4 自然资源资产权证示例

四是搭建"一个平台"。运用信息化手段,建设浦城县国有自然资源大数据共享应用平台,并拓展至全市。构筑基于大数据和"互联网+"的自然资源管理决策与服务体系。该平台具有四大功能:综合展示、辅助决策、确权交互、应用监管。大数据共享应用平台部分操作界面截图如图6.5所示。

图6.5 大数据共享应用平台操作界面示例

五是提交"一些解决方法"。针对林地与耕地、林地与园地、林地与建设用地、林地与未利用地等重叠问题，开展分析研究，选择各重叠类型中面积较大的图斑进行"麻雀解剖"，通过现场踏勘、收集相关历史档案等方式，从划定时间、划定依据、利用现状等方面探索解决不同自然资源类型图斑重叠问题的途径和办法，提交了"一些解决方法"。

二、生态银行运作模式

浦城县已有三个比较典型的生态银行运作模式。

一是践行生态银行及乡村振兴战略的浦城县匡山景区开发及双同村民宿改造，开发及改造效果见图6.6及图6.7。匡山景区位于浦城县富岭镇，距城关40km，与浙江省龙泉县交界，距离紧邻205省道和龙浦高速公路，景区总面积42km²，其中，匡湖水域面积96.2hm²。景区内植被茂密，分布有成片的香榧群落、黄山松群落、青钱柳群落，总计分布维管束植物资源175科615属1234种；历史名人刘伯温、宋濂、章溢等曾在此隐居，留下著名的《苦斋记》《看松庵记》，至今留有苦斋遗址；建于宋朝年间的"看松庵"，依旧香火不断；始

图6.6　匡山游客中心建造前后

图6.7　匡山景区双同村民宿改造前后

建于元末的仙霞古道，记载着匡山的历史。

　　匡山自然资源与人文资源虽然丰富，但在闽浙赣地区并不十分突出，目前村财政收入集中在森林直接产品，村民自发经营森林旅游农家乐，长期以来没有形成产业。在国家乡村振兴及南平生态银行战略的大背景下，如何发挥匡山闽浙赣地区的地理位置优势，将绿水青山转化成金山银山，必须有相得益彰的产业进行撬动，需从旅游供给侧入手，创造森林旅游、乡村度假、山地旅游新产品，让旅游产业撬动匡山资源的价值。

在践行生态银行战略的过程中，匡山开发采取政府国有企业进行一期"种子"投入的方式，培育产业，形成旅游资产包，引入专业运营团队，在区域市场内打响品牌，形成游客流量，坚定投资者的信心。在专项产品运营上，瞄准互联网企业用户的游客转化及专项旅游市场，将森林旅游与生态度假结合起来，引入研学、康养等专业运营商，形成研学、生态、度假等区域品牌，游客流量将带来森林产品消费，进而升级匡山的林业产业。同时，在匡山的旅游开发中，将利用原有的水库及二级电站，将水库与水上旅游项目开发结合起来，水库的发电放水作业时间表与水上项目运营结合起来，提质升级水电站功能，创造新的效益。未来，匡山将以股权合作、市场化融资等方式引入战略投资伙伴，进行二期开发。

此外，匡山景区运营智慧管理系统探索利用大数据技术以及生态碳货币智慧管理系统（图6.8），秉承生态环保的建设理念，采用人民币和碳货币双支付智慧系统，其中，碳货币支付系统是匡山景区的创新营销方式和支付方式，形成了针对游客服务、商户管理、景区管理的综合信息化系统，让村民、游客、管理者、运营商互联互通，降低了匡山管理成本。从而促进景区内所有相关主体（游客、商户、景区管理者）形成生态保护意识，同时从中景区绿色发展中获益。

图6.8 匡山景区运营智慧管理系统部分界面

匡山旅游开发倡导生态环保理念，在保持自然资源价值不降低的前提下进行开发，对资源集约高效利用，通过旅游产业的导入，促进林、村、农业、水等资源的整合，提升自然文化资源价值，使资源变财富，有效践行了"绿水青山转化为金山银山"。

第二个模式是莲塘镇山桥村打造的十里莲塘田园综合体项目。山桥村为破解土地流转难题，通过召开村民代表大会、挨家挨户上门走访等方式集中流转土地资源共2600亩[①]，形成集中连片规模化自然资源包，同时引进福建省晓禾农业科技有限公司，实现对土地资源的高水平开发运营。通过土地流转，村民得到高于平常的补偿金，村里剩余劳动力有了在家门口就业的机会，山桥村集体经济实现年增收10余万元。其次，通过创新"政府+公司+加盟商+农户"模式，县政府做好水电路讯等公共基础设施配套服务，实现自然资源规模化整体提升。福建省晓禾农业科技有限公司建成智能温控大棚9栋100余亩，提供种植、采摘、运输、销售等服务，目前已吸引浦芝韵等8家加盟商入驻，形成"一栋一特色"，实现亩均年产值8万元。构建利益联结机制，晓禾农业科技有限公司与加盟商按照产值实行二八分成，同时与土地流转农户建立分红型合作方式，促进农户持续增收。除此之外，浦城县开展自然资源调查摸底工作，立足丰富的冬闲田资源，对"稻—药"种植模式达100亩以上的给予每亩200元的补助。目前，福建省晓禾农业科技有限公司集中流转冬闲田约5200亩，试点"稻—药"轮作模式，规模种植浙贝母等经济中药材，帮扶300余户贫困户实现户均年增收约4000元。同时，通过"稻—药"轮作，提高土壤有机质，抑制病虫害，实现后茬水稻每亩增产50公斤，增收150元。

第三个模式是对接国家林业精准提升项目公私合营的香榧产业。为了发挥浦城县林地资源的优势，探索新的林业经济增长点，2015年引进福建省三香农业开发有限公司在浦城县建育苗基地、种植基地、发展香榧深加工等。浦城县利用国家储备林质量精准提升工程项目建设的契机，利用好国开行资金，采用"政府+民企"模式，由县属国有企业浦城县绿新林业有限责任公司占股49%与福建省三香农业开发有限公司占股51%出资组建新的有限责任公司，合作建设香榧混交林基地，扩大香榧种植基地规模，最大化地实现资源变资产。

---

① 1亩 =1/15hm^2。以下同。

第二节 文旅生态银行
——武夷山五夫镇文旅产业

文化是五夫镇的最大资源禀赋、最优发展动能，武夷山市在五夫镇开展以文化为统领的综合型资源生态银行试点，在设计优秀文化产品业态的总体导向下，通过文化梳理、内涵挖掘，以及生态资源家底的清查，构建起文化业态与资源载体的联系，形成了五夫镇文旅产业开发蓝图，将生态优势和文化资源转化为经济发展内生动力，打造了武夷山东翼文化旅游发展新引擎和乡村振兴示范区。

一、试点背景

南平市武夷山市五夫镇有人口1.56万人，面积175.76km^2，生态环境优越，自然资源种类多样，包括山、水、林、田、(水)库、草、矿、茶等多种类型，文化底蕴深厚，百世之师朱熹在此生活近50年，创立了朱子理学。镇域内保留了大量以朱子文化为代表的宋代文化遗存（图6.9），享有"理学之邦""朱子故里"的美誉，被评为"中国历史文化名镇"。此外，五夫镇还是"国家级田园综合体""国家级特色小镇"等多项试点工作的创新实践区，是武夷山"世界文化与自然双遗产"的重要载体。

2018年起，武夷山市在五夫镇开展以文化为统领的综合型资源生态银行试点，积极探索"政府主导、企业和社会各界参与、市场化运作、可持续的生态产品价值变现路径"，将生态优势和文化资源转化为经济发展内生动力，打造武夷山东翼文化旅游发展新引擎和乡村振兴示范区。

图6.9 五夫镇景观分析图

二、运作模式

文化是五夫镇的最大资源禀赋、最优发展动能，在设计优秀文化产品业态的总体导向下，通过文化梳理、内涵挖掘以及生态资源家底的清查，构建起文化业态与资源载体的联系，形成五夫镇文旅产业开发蓝图。

五夫镇文旅生态银行依托大武夷的旅游背景优势，通过组建市场化的运作主体——朱子生态农业有限公司，对各类生态资源进行统筹开发；全面整合2.4亿元国家田园综合体补助资金、2300万元水流域综合整治补助资金、7500万元农业综合开发示范区补助资金，集中投入到五夫镇的遗址修缮、基础设施建设、生态修复等领域，提前介入文化旅游资源的一级开发整理，助力项目投资轻资产化；探索以朱子文化开发运营为主线，整合零碎分散的山、水、林、田、湖、茶、古民居等生态资源作为文化业态的具体载体，开发全体系、多品类的文旅产品，形成"文化统领、IP运营、全域全资源门类承载"的运作模式，打造武夷山东翼文化旅游发展新引擎和乡村振兴示范区。五夫镇文旅生态银行运作模式流程图如图6.10所示。

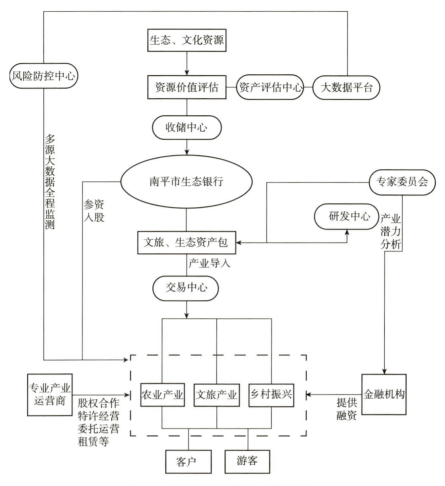

图6.10　五夫镇文旅生态银行运作模式流程图

（一）精细化摸底调查

首先，通过深入分析柳永、朱熹、胡安国等历史名家的为人处世之道，挖掘各类文化的精神内核与现代价值，细分梳理出耕读文化、书院文化、睦邻文化、苦修文化等。其次，构建文化+资源组合，全面摸底调查五夫镇各类资源现状，按照与文化的关联程度进行划分，直接关联的资源有古建筑、古遗址、手植古樟等；间接关联的资源有山、水、林、耕地等。同时，建成"生态银行信息管理平台"，导入各类资源数据，实现信息化管理。平台公司以承载朱子文化资源的强度为判定标准，有针对性地汇总土地、农田、林、水等资源和古民居、烤烟房、文物等资产的数量、质量、空间、权属信息；叠加管控区线；摸底农户对自有资源的流转意愿。

（二）策划文化指导项目

通过策划"文化+业态+资源"的项目体系，多角度设计产业业态，策划实施一批深挖"朱子文化+"项目。具体项目有：①"朱子文化+研学+古镇资源"。挖掘朱子文化的传统价值精髓和当代价值，充分展示朱子文化的教育意义和示范作用，使其成为朱子文化旅游产品中最核心的内容，策划实施国学产业园、紫阳楼、朱子雕像等项目。②"朱子文化+耕读+农业资源"。根据朱子文化中的格物致知等理论，指导策划、建设农耕类旅游体验项目，增加朱子文化旅游的体验性和项目可操作性，实施田螺湾、葡萄园、大数据农业科技园等项目。③"朱子文化+旅游+古镇资源"。探究朱子文化与古镇之间的内在关系，通过文化景区、体验式博物馆、休闲街区的形式，打造文化体验性、互动性强的项目，重点围绕兴贤古街，实施兴贤书院五夫里文创工作室、乡愁记忆馆等项目。④"朱子文化+度假+自然风光"。深入挖掘乡村度假旅游资源，将朱子文化中的古朴田园思想和社会管理思想与乡村休闲旅游结合，将乡村旅游和休闲度假、朱子文化旅游有机结合（图6.11），策划实施万亩荷塘、舍仓民宿、卜空野奢酒店等项目。

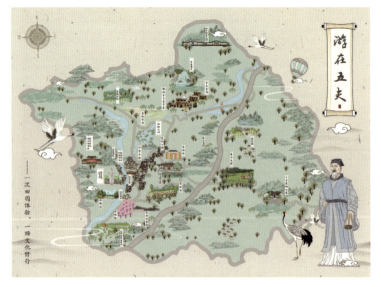

图6.11　五夫镇手绘地图

（三）定向化流转整合

针对文化资源开发投入大、周期长、运营难等突出问题，创新开发运营机制。通过提前汇总登记群众对自身资源的流转方式、价格、期限、用途等开发预期，为项目规划、选址、投资等提供重要决策依据，目前朱子生态公司已预存古民居50栋、土地100hm²、林地253.33hm²，由村集体企业负责从村民手中流转经营权，村集体企业再与朱子生态公司合作，实现资源统一运营。对村民建设的60栋统规自建安置房，村集体公司引导村民每栋都预留2~3个房间作为客房，由朱子生态公司统一装修、统一管理，村民按固定比例分红；打破原有征地拆迁模式下的"资源与项目一一对应"的关系，群众以资源质押入股项目，享受项目的有关回报，资源流转到朱子生态公司，探索形成资源"二级市场"，提升资源开发过程的市场化水平。

（四）以文化提点营销推广

打造内容丰富、形式多样的旅游产品营销体系，推动五夫镇文化的全面输出，具体措施有：①以体验营销打造印象五夫系列产品。策划具有体验性、参与性的旅游项目，满足不同类型游客的旅游需求，举办影、诗、画、礼、荷等印象五夫系列活动。其中，"影"是举办主题摄影活动；"诗"是举办古典诗词现场创作大赛；"画"是举办创作、布展、民宿设计等活动；"礼"是举办朱子婚礼、敬师礼、成年礼等活动；"荷"举办荷花节活动。②以教育营销打造研学类旅游产品。定期在世界范围内邀请朱子文化研究学者、朱子后裔、朱子文化爱好者等参加朱子论坛、理学沙龙、学术颁奖大会、研学营等活动，弘扬中华传统文化。③以情感营销打造节庆祈福类旅游产品。充分挖掘节庆文化、情感文化，打造针对不同节庆的旅游产品，如在春节、清明节等中国传统节日或朱子诞辰等特色节日，举办朱子祭祖大典、朱子文化节等活动，实现情感交流。

三、阶段成效

武夷山市生态银行自实施以来，试点工作已经初显成效，主要体现在以下三个方面。

（一）实现生态资源保护与精细化开发

生态银行试点工作调查了五夫镇资源资产信息，摸底农户对资源资产流转意愿，运用多规合一成果，采用信息化管理平台，实现对综合型资源资产的动态跟踪、系统分析、科学决策；在严守管控区线、保护生态资源的基础上，以策划项目为单元，精细化流转整合分散、零碎的资源资产，提高生态资源的利用效率。

（二）构建区域经济发展框架

生态银行试点工作策划一批能够发挥资源资产比较优势、带动上下游产业链发展的项目，将资源资产治理提升为优质资产包后，输出、对接有资质的市场化投资、运营主体，降低企业开发成本，提高项目落地速度，凸显五夫镇作为武夷山世界文化和自然遗产地文旅研学空间的载体功能，赋能武夷山市东翼文化旅游带，构建武夷山市"一轴两翼"的发展框架。

（三）有效助力乡村振兴工作

生态银行试点工作创新开发运营商与农户之间资源资产流转的渠道，化解因资源资产流转引发的社会摩擦矛盾与基层治理困境；将资源资产的开发运营权移交给市场主体专业化经营；结合人居环境整治，将资源资产整合、治理、提升后导入产业项目；通过提高资源资产的开发收益、生态资源的变现价值，以股金分红、提供就业岗位等方式反哺农民增收，从发展绿色产业、建设宜居环境、营造乡风文明、改善基层治理、加快生活富裕等多个方面，有效助推了乡村振兴工作的开展。

第三节 森林生态银行
——顺昌县森林产业

南平市山地森林生态系统是福建沿海地区的重要生态屏障，林业是南平市的传统产业，如何做好"林"这篇文章，既保护好生态系统，又将森林资源和生态优势转化为经济发展内生动力，是新林业建设的关键。南平市森林生态银行模式，选取"八山一水一分田"的顺昌县作为试点。顺昌县以森林资源为根本，借鉴"银行"运营模式，依托县国有林场搭建"森林生态银行"运营平台，作为"森林生态银行"主体，以项目为导向，对零散化、碎片化的森林资源进行管理、整合、转换、提升、保护和市场化运营，为实现林业第一、二、三产融合发展和百姓增收提供了支持。

一、试点背景

顺昌县"八山一水一分田"，全县林地面积16.67万hm²，占县域土地总面积83.3%，森林覆盖率79.9%，活立木蓄积量1550万m³，是"中国杉木之乡"、首批"中国竹子之乡"、国家木材战略储备基地县、国家储备林质量精准提升示范县、福建省重点林业县。随着顺昌县集体林权制度改革的完成，"均山到户"的林地占全县林地面积76%的林地呈现碎片化、分散化状态，受规模、开发条件、资金等要素制约，森林资源难以发挥效益，林农收益低下，严重制约着林业可持续发展。

2018年，顺昌县依托县国有林场搭建森林生态银行运营平台，以项目为导向，对零散化、碎片化的森林资源进行管理、整合、转换、提升、保护和市场化运营，为实现林业第一、二、三产业融合发展和百姓增收提供支持。

二、运作模式

森林生态银行是覆盖顺昌县全域的森林资源运营平台，森林生态银行围绕前端资源流转、后端项目开发，对林农零散化、碎片化林木资源进行流转收储，为实施项目化、集约化经营和开发奠定基础。其前端对森林资源进行确权并搭建信息平台；中端采取林权抵押、赎买、合作经营、租赁、托管等5种模式，同时构建林权交易平台、担保公司、产业基金等组成的林业金融服务体系，将金融资本导入林业及相关产业，在不改变林地所有权的前提下，将零散化、碎片化林业资源流转收储进入"森林生态银行"；后端主要做好森林质量提升、花卉苗木繁育、原料基地建设、发展林下经济、森林旅游康养等经营业务，导入专业运营商，积极参与政策性碳汇交易并探索建设社会化碳汇交易市场，实施项目化、集约化经营和开发。

（一）搭建林业资源信息管理平台

为解决林业资源管理粗放问题，森林生态银行委托福建省林业勘察设计院全面摸清全县林业资源数据，形成全县林业资源"一张图"（图6.12）数据成果，并衔接土地利用总规、生态红线、城乡建设规划等空间管制数据，建成具备集中展示、综合分析、科学决策等功能的信息管理平台。通过实现资源信息化管理，对县域范围内林业资源的分布、种类、数量等情况可以在遥感影像图或土地利用现状图上进行汇总、展示、分析，实现林业资源数据的集中管理与服务。通过对全县林业资源的空间化管理，做到全面、快速和准确地掌握辖区范围内林业资源的空间分布情况，类型、质量与数量统计信息，通过各类数据的叠加分析，辅助资源收储、项目选址预判、投资分析等决策。在提高林业资源管护方面，通过核心编码对自然资源资进行全生命周期的动态监管，实时掌握林木质量、数量及管理情况，辅以智能巡查替代传统的管护模式，做到快速响应，大幅提高管护水平和效率。

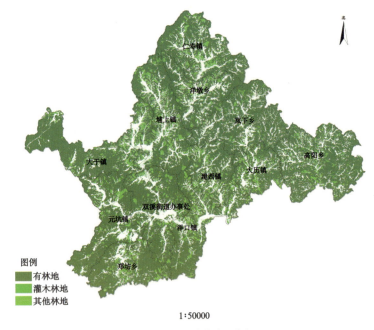

图6.12 顺昌县森林资源分布图

（二）完成森林生态银行架构搭建

立足林农从业意愿，不断集中林权，解决林权分散带来的生产效率较低问题。森林生态银行根据林农从业意愿，推出四种林权流转方式：①有共同经营意愿的，以林业资产作价入股，林农变股东，共享发展收益；②无力管理森林但不愿共同经营的，可将林业资产委托管理；③有闲置林地的，可将林地进行租赁，获取租金回报；④希望转产的，可一次性卖出林权，获得转产启动资金。并且，针对以上四种流转方式，推出多种结算模式、组合套餐。目前，森林生态银行已导入林地林木面积约3066.67hm²，其中，股份合作、林地租赁经营面积840hm²万亩，购买商品林面积约2193.33hm²，托管经营面积约0.87hm²。

（三）构建多方位林业金融服务体系

林业资产具有非标性、估值专业度高、处置不便等特点，降低了流动性，阻碍了金融资本进入，森林生态银通过构建多方位的金融服务体系，助力顺昌林业发展，用担保公司打破流动难题，与南平市融桥担保公司合股成立"顺昌森林生态运营中心"（图6.13），为"林业+"产业实体企业、个体林农提供融资担保服务，实现最高15倍放大倍数、基准利率放款，森林生态银行与商业银行按8∶2承担风险，已办理担保业务248笔，发放贷款2.07亿元。用产业基金灵活引入社会资本，与南平市金融控股有限公司合作成立"南平市乡村振兴基金"，首期规模6亿元，在顺昌聚焦投资林业质量提升、林下种养、林产加工、林下康养等项目。用交易平台构建内外通道，在县、乡两级林权流转交易服务平台的基础上，积极对接北京产权交易所、海峡股权交易中心等产权交易机构，力争实现数据互联、交易融通。用创新模式打造融资项目，在南平市统筹下，谋划实施国内首个国家储备林精准提升工程PPP（公共私营合作制）项目，获得国家开发银行授信9.12亿元，有力加快了森林生态银行的集约人工林栽培、林权购买、现有林改造培育，有效助力"西坑森林旅游"等一批产业项目实施。

图6.13 顺昌森林生态运营中心

（四）创新方式以精准提升森林质量

为解决森林质量不高的问题，在种苗培育方面，依托与科研单位开展科研合作，使其杉木高世代种苗培育处于世界领先水平，领先其他省份和地区1~2代；在森林高品质抚育方面，采取改主伐为择伐、改单层林为复层异龄林、改单一针叶林为针阔混交林、改一般用材林为特种乡土珍稀用材林等"四改"措施，优化林分结构，增加林木蓄积；在产品研发方面，成功策划并交易全省第一笔林业碳汇项目，首期15.55万t碳汇量成交金额288.3万元，自主策划、设计、计量、监测和实施全省第一个竹林碳汇项目2266.67hm^2，成功突破扶贫碳汇方法学；在市场拓展方面，积极对接国际需求，实施FSC（森林管理委员会）森林可持续认证，1.65万hm^{2}林地、1000hm^{2}毛竹被纳入认证范围，为规模加工企业产品出口欧美市场提供支持。

（五）多层次丰富"林业+"产业布局

为有效利用森林资源，服务好木材经营、竹木加工、林下经济、森林康养、生态补偿等"林业+"产业发展，森林生态银行采取"龙头企业+基地"模式，实现资源批量无缝导入产业项目，建设杉木林、油茶、毛竹、林下中药、花卉苗木、森林康养等6个"基地"，每年为升升木业、老知青等存量龙头企业提供杉木4万m^{3}以上、毛竹3万根以上、花卉苗木200万株以上，并积极对接新落地企业；采取森林资产"管理运营分离"模式，提升复合效益，将交通条件、生态环境等良好的林场、基地作为旅游休闲景区，把运营权整体出租给专业化市场运营公司，建设木质栈道、森林小屋等，开展商业运营；探索"社会化生态补偿"模式，用碳汇引导社会低碳行为习惯，突破扶贫碳汇方法学后，已着手搭建社会市场销售平台，与抖音、淘宝等开展合作，通过市场化销售单株林木（竹林）碳汇来引导大众低碳出行、消费。

三、综合效益

（一）助力森林资源保护

通过集中整合和盘活碎片化的森林资源，对收储后的森林资源，实施"四改"措施，即改主伐为择伐、改单层林为复层异龄林、改单一针叶林为针阔混交林、改一般用材林为特种乡土珍稀用材林，预计亩均蓄积可实现翻番，效益明显，让林农不再仅仅通过采伐获得收益，促进森林资源保护，实现国家得绿、林农得利"双赢"。

（二）助力林业产业化

森林生态银行在对林地确权登记和资产评估的基础上，在资源向资产转化阶段，通过赎买、租赁、托管、入股、抵押等单一或组合形式，在不改变林地所有权的前提下，将零散化、碎片化林木资源流转收储，对有共同经营意愿的，可以林业资产作价入股，林农变股东，共享发展收益。

（三）助力精准脱贫

通过森林生态银行，在保证林地、林木所有权不变的前提下，对老弱病残等无劳动能力的贫困户的林地林木资源提供托管经营业务，贫困户不需要投入任何资金，便可以每月固定获得部分预期收益；托管期满主伐后，扣除前期分红和经营管护成本，托管贫困户还可以按比例获得分红。托管经营模式不仅为贫困户提供稳定收入来源，托管后续的经营管理，还能让贫困户有更大的收益。

（四）解决了林业运营融资难

通过积极探索实施森林生态银行与竹木加工企业合作模式，利用金融服务等平台，为竹木加工企业提供原材料以及轻资产投资服务，减轻企业投资负担，缩短项目建设周期，助力企业增资扩产，推动林业二产的壮大。

（五）助力乡村振兴

通过森林生态银行，开发林下立体空间，培育花卉苗木，发展林下经济，开发森林康养，森林旅游等项目，再推向市场，由专业运营商规模化运营，原持有人转为聘用职工，从而形成产业扶贫，激活乡村发展内生动力，推进乡村产业振兴与农民增收。

第四节 建盏生态银行
——建阳区建盏产业

建阳区以生态银行试点为契机，积极开展建盏生态银行试点工作，组建市场化运作公司，将建盏原材料资源、工艺、文化、创意、品牌等五要素资源集中整合，引入有实力企业和专业机构进行开发运营，推动科技研发、智慧管理、文化挖掘、设计提升、整合转化，实现了资源要素优势向产业发展优势转化。

一、试点背景

建阳区为宋代八大窑之一"建窑"原产地、"中国建窑建盏之都"。建窑是宋代八大名窑之一，以烧制独特风格的黑釉瓷器——建盏著称于世，素有瓷坛"黑牡丹"美誉。"建阳建盏"品牌价值高（图6.14），获得国家地理标志商标、国家地理标志保护产品，建窑建盏烧制技艺被列入第三批国家级非物质文化遗产名录，建盏品牌价值达151.8亿元。全区有省级文化产业示范基地1个，南平市知名商标4个，福建省名牌产品1个。建盏产业发展迅猛，全区现有注册建盏企业和个体工商户合计2611家，其中，企业有545家，个体工商户2066家，从业人员2万多人，年产值16.5亿元。

图6.14 建盏图片

为做大、做好、做强建盏产业，建阳区以生态银行试点为契机，积极开展建盏生态银行试点工作，组建市场化运作公司，将建盏原材料资源、工艺、文化、创意、品牌等五要素资源集中整合，引入有实力企业和专业机构进行开发运营，推动科技研发、智慧管理、文化挖掘、设计提升、整合转化，实现资源要素优势向产业发展优势转化。

二、运作模式

建盏生态银行是覆盖建阳全域的建盏要素资源运营平台，借鉴商业银行"分散化输入、整体化输出"的模式，将分散碎片的建盏原料资源、工艺、文化、创意、品牌等要素资源集中起来，并引入有实力企业和专业机构进行开发运营，推动科技研发、智慧管理、文化挖掘、设计提升、整合转化，实现资源要素优势向产业发展优势转化，推动建盏文化产业转型升级和可持续发展。

（一）做到"科技强盏"

精准分析资源情况，勘探建盏高岭土、陶瓷土等矿产资源分布、储量情况，摸底建盏产业发展规模，编制建盏原材料矿产资源"一张图"（图6.15），依法依规出让矿业权，组建或委托测试机构对建盏用高岭土、陶瓷土原材料进行批次逐一检测定级分类。加强产、学、研对接，加强与科研院所和地质勘察单位对接，探索建立集产、学、研于一体的培训中心、研究中心、孵化基地，强化在提升建盏生产工艺、产品研发、技术创新、人员培养等方面的合作（图6.16）。强化技术创新研发，加强建盏原土配比、烧制技艺、生产设备等方面的创新和研发，加快技术创新成果转化，实现建盏结构功能、生产工艺、质量品质提升，推动建盏生产技术转型升级。搭建慧眼识盏平台（图6.17），加强建盏生产原料到成品的全过程监控，推行"一品一码"追溯管理，建立建盏产品质量和品质鉴定溯源数据库，实现建盏产品质量顺向可追踪、逆向可溯源、品质可管控，推动建盏产业产品质量整体提升。建设检测评价体系，建立健全建盏产品认证和质量评价体系，依托福建省建盏（黑釉瓷）产品质量检验中心，建立建阳建盏产品质量检验分中心和建盏品质鉴定中心，对建盏产品进行分类评级，提高建盏行业准入门槛。

图6.15　建盏原材料矿产资源"一张图"

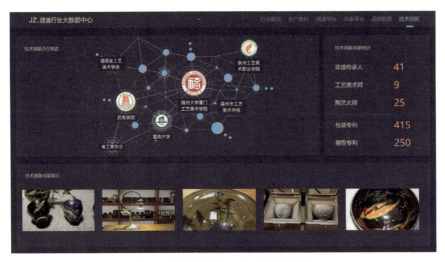

图6.16　建盏大数据中心技术创新合作图

图6.17　慧眼识盏平台界面

（二）深入挖掘建盏文化

通过深入挖掘建盏的历史脉络、文化价值和时代意义，推动建盏文化与朱子、宋慈、建茶、建本等本地特色文化融合发展，探索"茶盏""盏本"融合发展新模式，不断丰富建盏的文化艺术内涵；通过推动建盏文化传承和发展，完善建窑建盏烧制技艺传承机制，鼓励工艺大师按现代师徒制收徒传承技艺，培育一批建盏代表性传承人和建盏非物质文化遗产生产性保护传承重点单位；

深入挖掘建盏教育资源，开展建盏文化进校园、进社区、进街区等活动和建盏文化讲座，在重要公共场所设立建盏标志，加大宣传，推动建盏文化从小众走向大众；组织建盏行业主体参加国内外各类大型展会，持续举办好建窑建盏文化博览会，依托建阳商会和海外联谊会重点在国内一二线城市、历史文化名城及"一带一路"沿线城市布局推广建盏文化，提升建盏文化影响力。

（三）提升建盏设计水平

建盏发展需不断提升设计水平，做到"创意兴盏"。组织建盏非物质文化遗传传承人、工艺美术师等建盏专业人才到陶瓷院校、文创机构学习深造，拓宽视野和思路，提升建盏从业人员的设计创新水平；加大设计、艺术、创意等高端人才、领军人物的引进力度，吸引汇聚建盏产业创意设计人才，补足建盏设计创新的产业短板，助推建盏产业良性发展；加强与知名文创企业对接合作，嫁接现代创意设计资源，共享产品设计成果，实现协同创新、合作共赢；在传统的"茶盏"的基础上，注入、植入文化创意元素，开发"建盏+"项目，推出创意观念新、文化内涵足、地域特色强的文创产品，丰富建盏产品体系，提升建盏品牌附加值。

（四）加强建盏品牌运作

做到"品牌立盏"，具体方案有：建立品牌联盟，建立建盏企业品牌发展联盟，开展品牌创意、品牌设计、品牌孵化、品牌推广及人才培养，提升优化建盏文化产业品牌资源，讲好"建阳建盏"品牌故事。加强品牌培育，加快创建地理标志证明商标"建阳建盏"中国驰名商标，积极融入"武夷山水"区域公用品牌建设，提升建盏产业质量品牌，引导和培育一批名牌企业和名牌商标，提升品牌附加值。扩大品牌影响，打造建窑建盏文化旅游精品路线，推出建盏主题文化旅游产品，将建盏产业优势转化为文化旅游优势，构建具有鲜明区域特色的文化旅游产业体系。

第五节 古厝生态银行
——延平区巨口乡古厝"三权"分置

古厝生态银行立足于延平区优越的生态、区位、人文及资源禀赋，以全国农村综合性改革试点为契机，以古厝资源与生态资源为依托，以信息交易平台为载体，以文化底蕴与艺术手段为赋能，借鉴银行运营模式，搭建资源运作新平台。通过组建古厝生态运营中心，梳理整合闲置古厝资源和优质生态资源，引入金融机构创新合作模式，用有限的财政资金撬动社会资本和民间力量参与，以艺术介入形式，唤醒和激活乡村活力，赋予闲置古居及生态资源以新价值，将原本沉睡的乡村资源有效转化为资产、资金，为保护开发蕴含传统文化基因的静态古居资源开辟了有效路径。

一、试点背景

巨口乡位于延平区东南部，辖11个村，总人口1.3万人，面积$135.76km^2$，为国家级生态乡镇，自然资源丰富。全乡土地面积$14082hm^2$，林地面积$11870hm^2$，森林覆盖率79.3%。古厝资源特色突出，存有人文历史遗迹20多处，完整保存着明清古厝102座、土厝600多座，国家级传统村落4个、省级传统村落4个。区位条件欠佳，距延平城区80km，距福州城区120km，属延平区偏远乡镇之一。人口外流严重，近年来有大批农村劳动力外出务工，全乡常住人口仅0.3万人。

巨口乡代表着福建北部最普通的乡镇，没有格外出众的天然禀赋。如何实现乡村振兴，走出一条可复制、可推广的发展路径，对于巨口乡而言具有重要的示范意义。延平区以南平市委、市政府实施生态银行试点为契机，找准乡村艺术旅游这个细分产业门类，在巨口乡先行先试探索"古厝生态银行"建设模式，推动古厝资源开发和乡村经济发展。

二、运作模式

（一）精确查明古厝资源情况

巨口乡全面整合国土、林业、水利、农业等部门自然资源数据，通过分类设计、分层处理，共统计出全乡完整保存着明清古厝102座、土厝600多座。通过认真研究谋划，10个村古厝整体风貌保存较为完整是巨口乡特色优势（图6.18），由此巨口乡立足古厝的文化属性，选准了乡村艺术旅游这个细分门类，确定重点围绕古厝资源保护和开发推动旅游产业。

图6.18　延平巨口九龙古厝群

（二）搭建平台，架起四维联结

延平区组建巨福公司，统筹运作以古厝资源开发为龙头的乡村艺术旅游产业，对接市场需要，策划产业项目，流转自然资源，开展基础整理，对外招商开展项目运营。巨福公司与村集体、乡贤、村民、高端艺术运营单位及院校等建立四维联结关系，形成"平台公司+村集体+理事会+农户+艺术单位"的合作格局，整合发展要素。

一是与村集体构建发展联结。巨福公司注册资金1100万元，由区属国企南平成功山水旅游投资有限公司出资561万元、占股51%，巨口乡及8个国家级、省级传统村落以闲置资源资产入股、占股49%。村级入股有效地将集体经济与巨福公司在发展上联结起来。

二是与乡贤构建组织联结。巨口乡有大量在外从事游乐业等产业的成功乡贤，在乡党委政府的主导下，乡贤建立起乡村振兴理事会，巨福公司发挥理事会成员在资金、人脉、资源、威望上的优势，动员村民参与产业发展、募集资金投资基础建设、引入社会资源和旅游客源。

三是与村民形成利益联结。乡政府和巨福公司鼓励村民将古厝装修提升成民宿，为旅游产业做配套，并由巨福公司托管古厝民宿统一运营，留守本地的农户可到公司从事劳务工作，实现共享发展效益的利益联结。

四是与高端艺术运营单位及院校形成互利联结，投资2100万元打造巨口自然学校、写生基地、艺术家创作基地，吸引众多文化基金会、艺术院校、艺术爱好者前来开展艺术创作。举办一系列艺术活动（图6.19），在为艺术单位提供写生基地、活动场所的同时，艺术家们也在巨口留下了上百件丰富的艺术作品，形成旅游热点。

图6.19　延平区巨口乡乡村艺术节摄影大赛照片

（三）利用杠杆效应形成规模业态

受限于巨口乡薄弱的发展基础，想要快速形成可看、可游、有影响的乡村艺术旅游基地难度巨大，必须运用杠杆效应。

一用杠杆，整合财政资金，吸引社会投入，向上争取全国农村综合性改革试点，获得3年1.05亿元上级财政补助资金，乡里将资金拨付至村后，村民代表大会通过"一事一议"委托巨福公司作为业主开展乡村基础设施、产业发展等建设，同时吸引地方社会投资资金2.3亿元，重点打造村集体村民增收、乡村治理、乡风文明等25个项目建设；同时出台《巨口乡村级公益性项目财政扶持奖励实施办法》，引导乡贤造福桑梓的积极性，以民间投资为主、政府奖补为辅，建设公厕15座，拓宽道路逾10km，修缮古厝、土厝100多座。

二用杠杆，以"补贴+托管"形式短时间形成规模民宿，制定《延平区巨口乡民宿扶持奖励办法》，调动社会资本参与古厝改民宿，鼓励农户将古厝装修为民宿，提升民宿标准，做精品、特色民宿，各村在外创业的乡贤大量回归；再由巨福公司对完成改造装修的民宿，通过租赁、合作、入股等方式由公司集中委托管理。

三用杠杆，用连续不断的艺术活动撬动人气，引进上海阮仪三城市遗产保护基金会，举办"艺术唤醒乡村"为主题的乡村艺术季，开展"融合在土厝里的画展"等一系列活动，在虎牙、微博、一直播、斗鱼和火山小视频等多个平台同步进行直播，对外宣传推介巨口乡的土厝老屋、历史遗迹等资源。共在上海举办10场平行论坛，在区内举办6场戏剧、音乐和非物质文化遗产文化表演，以及5场公共教育活动等，吸引了10多家国内文化旅游企业前来洽谈养生项目、民宿改造旅游项目、农业旅游项目等。在此带动下，先后有超过20多批次1300多名艺术院校师生前来写生、实践、教学。

三、阶段成效

延平区精准把握巨口乡的传统古厝特色，智慧选择乡村艺术旅游这个切入口，搭建"古厝生态银行"平台整合资源，善用杠杆放大效应，快速打造出了一个个性化的乡村旅游热点目的地。

（一）有效盘活沉睡资源

通过巨福公司和村集体对闲置古厝、古宅、特色民居等进行整合，整治提升，集中进行市场化运营管理，巨福公司、村集体、村民实现收益共享、风险共担、抱团经营，"沉睡"的古厝资源得到有效盘活。

（二）有力加快美丽乡村建设

古厝资源按照突出地方特色、还原人文风貌、留存乡土记忆的要求进行开发运营，深入挖掘乡村特色文化符号，带动乡村历史文化、民俗文化、生态文化开发，有力提升乡村人居环境质量。

（三）激发乡村发展活力

通过闲置古厝资源的持续开发，不断吸引在外乡贤回乡投资创业，积极引导农民就地就近转移就业、创业，最大限度地释放乡村发展潜能，为加快落实乡村振兴和新农村建设注入新动力。

第六节 水生态银行
——南平市水资源价值实现创新

南平市通过开展水生态银行试点，在保护生态环境、水资源环境的同时，对水资源进行合理的开发、利用，发展绿色经济，以发展包装水产业为起点，对全市水资源进行认真梳理、统一规划，进一步树立品牌意识、创新经营理念，全力促进优质水资源的开发利用，着力打造现代天然矿泉水、山泉水产业基地，将水生态优势转化为了产业优势。

一、试点背景

南平市地处闽江源头，水资源丰富。水资源总量为252.22亿m^3，其中，地下水为60.36亿m^3，占全省地下水资源总量的21%，人均水资源量为8900m^3（全国人均水资源量2074.5m^3），居全国、全省之首。南平市水资源优质，分布广泛。境内地表水水质达到国家地表水一、二类标准，特别是武夷山脉流域地表水可达山泉水要求；已查明达到矿泉水标准点138处，广泛分布在光泽、邵武、建阳、延平、政和等地。但是，目前水资源开发利用水平总体不高。现有的生产企业规模较小，品牌影响力不强，市场份额较小。优质水资源已成为南平市最具开发潜力的战略性资源。

如何做大做强"水经济",将生态优势转化为产业优势,南平市"水生态银行"以发展包装水产业为起点,对全市水资源进行认真梳理、统一规划,进一步树立品牌意识、创新经营理念,全力促进优质水资源的开发利用,着力打造现代天然矿泉水、山泉水产业基地。

二、运作模式

(一) 收储水资源使用权

按照南平市水权交易管理办法要求,由南平生态银行通过南平市水权交易平台,实施闲置或节约的水资源使用权收储,收储形式涵盖水资源使用权转让、水资源使用权租赁及托管等。开设水权收储台账,实行县(区)预留水指标、水资源使用权两级管理。针对水资源使用权,按照只取不用与既取又用实施分类管理。台账中记录水权来源、收储方式、水权规模、水权特性、水权期限、权利内容等要素信息。

全面查清水资源。首先,委托地质勘察单位以饮用天然矿泉水(地下水)、饮用天然泉水和饮用天然水(地表水)为重点,围绕天然优质饮用水的赋存条件、质量特征以及资源潜力等工作目标,开展全市范围的水资源调查,查明区内优质地表水和矿泉水的分布范围、质量特征及资源前景,圈定南平市天然优质饮用水远景区,形成南平市水资源"一张图"(图6.20),为进一步开发利用提供依据。其次,制定开发利用规划。优质水资源开发产业是南平市七大绿色主导产业之一,依据资源禀赋情况,合理统一地规划优质水资源开发布局。适时出让矿泉水矿业权和地表水取水许可,鼓励市属国有企业或合资企业积极参与全市水资源的开发。除此之外,应科学检测水资源要素,成立矿泉水检验检测研发中心或与高等院校、科研单位合作,加强对水资源偏硅酸含量、各项限量指标检测鉴定,发现一批偏硅酸含量高、富锶水资源,提升水资源开发利用附加值。

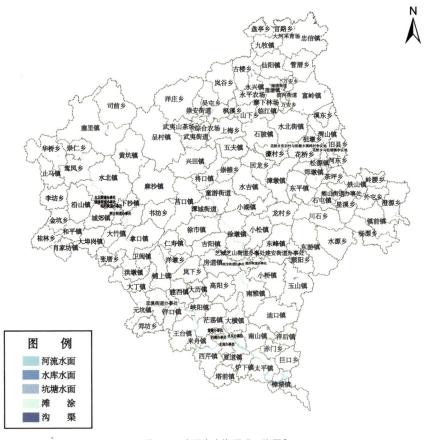

图6.20　南平市水资源"一张图"

（二）运营延伸产业链条

一是搭建运营主体。由市生态公司统筹全市优质水资源开发，整合集聚南平市现有的水资源开发项目，充分发挥行业开发规模效应，降低水资源产业的单位开发成本、技术成本、运营成本，破解当前水资源开发面临的分布散、规模小、水平低的问题，提升行业竞争力。二是提高运营水平。组织合作企业、高等院校、科研单位围绕南平市水产业发展，研制开发新产品、新工艺和先进适用技术，增加矿泉水的科技含量，提升产品附加值，由卖资源产品变为卖科技产品。打造产业联盟。引导企业建立水资源饮品行业协会，推动全市矿泉饮品企业结成产业联盟，形成产品市场、价格协商机制，推动南平市天然矿泉饮品继续拓展国内市场，稳步推向国际市场，大幅提升市场占有率。三是延伸水产业链。走综合开发道路，加快发展包装产业和物流产业，将水产品与南平市自然野生资源紧密结合，由粗放经营向深度开发转型。

（三）形成优质资产包

一是以产业强水。福建北部具有成熟的茶产业，宣传"好水泡好茶"理念，依托茶产业发展，促进水资源产业协同发展。引进中石油、中石化、南平南孚、圣农等具备全国统一销售渠道的顶尖优秀企业合作，利用其全国销售渠道，扩大水资源销售半径。二是以品牌强水，充分利用武夷山世界文化与自然遗产品牌，进一步发挥武夷山天然矿泉水品牌价值；打造"武夷山水"水标识，突出水资源产地的生态特征，提升品牌形象和知名度，把"武夷山水"水资源打造成国内前列、世界知名品牌；与农夫山泉、康师傅、怡宝、娃哈哈、汇源等国内领先水资源开发企业开展合作，利用其现有的品牌优势，提升闽北水资源市场影响力，有效促进产业规模发展。

三、实践成效

南平市水生态银行建设立意新、站位高、机制活，是新时代推进绿色发展和城市建设的创新举措，是建设美丽中国的生动实践。

（一）促进了福建北部生态文明建设

水生态银行通过把生态修复和环境治理作为基础性工程，在推动水流域整治、水污染治理等方面取得明显成效，以生态建设创造绿色红利和生态福利。南平市将畜禽养殖污染集中整治作为水生态银行项目的开局之战，全市上下聚力攻坚，累计拆除生猪养殖场11445家，削减生猪401.77万头，全面消除重点区域延平区原来20条劣Ⅴ类流域全面消除。例如，浦城县的马莲河曾是浦城唯一的一条劣Ⅴ类河。2016年以来，通过水生态银行项目建设等一系列综合治理，马莲河水质从原来劣Ⅴ类提升到Ⅲ类。

（二）提升了城市品位形象

水生态银行通过以水系综合治理为纽带，统筹优化生产生活生态空间，推进城市绿化美化，系统改善城市环境，既提升了城市品位形象和群众的生活品质，也提升了土地开发价值。例如，延平区开展"三江六岸"项目建设后，恒大、象屿等大型房地产商纷纷入驻，拓展了城市框架，为居民提供了优质生活空间。

（三）丰富了旅游产品业态

将水生态银行建设与打造全域旅游结合起来，做足水和文化的文章，开发了滨水休闲游、城市观光游、体育健身游、特别美食和乡村农事体验游等一批旅游新业态、新产品，解决了南平市旅游产品和业态相对单一的问题，有效推动创新性供给与游客个性化、多样化需求对接，加快构建大武夷旅游圈。例如，武夷山市依托崇阳溪两岸优良的生态基底、丰富的自然景观和悠久的历史文化，建设马场洲湿地公园、崇阳溪临水休闲绿道，提升了景区景点，优化了产品结构，有效推进了旅游供给侧结构性改革和产业转型升级。优质的水环境也吸引了众多知名企业，例如，中国知名旅游度假类综合产品品牌——德懋堂。

（四）补齐了民生短板

通过水生态银行项目建设，一批公园、停车场、污水处理厂等市政基础设施、公共服务配套项目加快实施，群众幸福感明显提升。例如，顺昌县坚持"先安置后征迁、先公共后开发"，把优质地块优先安排建设安置房，优先布局森林公园、休闲广场、文体场馆等民生项目，并利用富金湖环湖慢道将这些民生项目串起来，让市民走近自然、放松身心、共享发展成果。

本章立于足南平市丰富的森林、水、古厝民居、文化等资源，因地制宜，根据资源属性探索出了与该地区相应的生态银行模式。实践证明，唯有将分散的生态资源聚零为整，才能发挥出规模化的经济效应，只有与资本市场对接才能撬动更多资金投入到乡村振兴和生态资源开发领域，真正实现"绿水青山就是金山银山"。

第七章

生态银行的风险防控

建瓯弓鱼/南平市自然资源局提供

自生态银行项目开展以来，创新工作的各个阶段都存在风险，这些风险对生态银行的实施造成重重考验，影响了生态银行的发展进程。因而，必须认识到风险识别和管理的重要性，本章结合内外部环境分析了风险出现的原因，并针对性地采取风险防范和控制对策。

第一节 风险识别

结合生态银行实际运行情况，通过分析各个阶段存在的风险，各利益相关者与各风险之间的关系，并对各风险后果进行预判，得出了项目风险识别表（表7.1）。

本项目风险类型主要分为系统风险与非系统风险。系统风险主要包括政治、法律、经济、合作和社会等方面，它贯穿于各个阶段。非系统风险是指在开发和运营过程中出现的与本项目相关联的各种潜在风险，本项目按照准备阶段、实施阶段和运营阶段来划分非系统风险。为了便于管理和控制，分成若干阶段，不同阶段有不同的工作内容和相应的风险。

表7.1 项目风险识别表

风险分类			风险表现形式
系统风险	政治与法律风险	政治风险	指由于各种政治因素造成项目失败的可能性与损失的严重性，包括相关政策不支持或不稳定、政府官员岗位变动等
		法律法规变更风险	指可能由于颁布、修订或者重新解释法律法规及相关政策造成项目失败的可能性与损失的严重性，从而导致项目的合法性、产品服务标准、市场需求等因素发生变化，对产业的开发、运营带来负面影响
	经济风险	税收风险	指政府可能不提供或取消约定的减免税待遇、改变税收政策等，从而给项目带来经济损失的风险
		利率变动风险	指由于利率变动直接或间接地造成项目收益受到损失的风险。如果采用浮动利率融资，利率上升会造成生产成本的上升。如果采用固定利率融资，市场利率的下降就会造成机会成本的提高

（续）

风险分类		风险表现形式
合作风险	通货膨胀风险	指因通货膨胀引起货币贬值而造成项目资产价值和收益缩水的风险。通货膨胀率的上升也会增加运营成本
	合同完备性与变更风险	由于在合同参与方之间职权分配不合理、责任界定不清晰、风险分担不合理以及合同履行过程中随着项目环境变化可能发生的合同变更等使得参与方之间合作效率低下，遇到问题相互扯皮甚至难以维持合作关系
	组织管理与协调风险	指由于生态银行的组织协调能力不足，导致项目参与各方的沟通成本增加、成员之间相互埋怨进而导致项目进展不顺利
	利益相关者风险	指政府、投资人、金融机构、规划单位、产业运营商、公众、媒体等多方利益相关方之间缺乏沟通或合作基础而导致的组织效率低下或者不合作
	专业运营商信用风险	指长期契约当中，专业运营商利用自身的专业优势和信息不对称，降低产品标准或服务质量，减少相应投资或对政府方"敲竹杠"，要求增加财政补贴的风险
	政府信用风险	主要是指政府依靠其权利优势拒绝履行合同中的相关义务，致使项目遭受损失，或政府其他原因导致运营困难
社会风险	公众反对风险	指公众对生态银行的认识不足或者在收储、建设及运营过程中影响了公众的利益而引起的公众不满、反对、抗议甚至冲突
	不可抗力风险	包括自然灾害不可抗力（如洪涝、地震等）和社会不可抗力（如战争等）造成运营困难
准备阶段风险	审批延误风险	指在生态银行的前期准备中，方案和设立手续需要政府层层审批，如果审批程序复杂或延误，会延长时间，间接增加成本
	方案变更风险	主要是指原生态银行设立方案出现各种重大变更，可能会发生重新论证或者暂停等情况
实施阶段风险	资源收储风险	进度延误风险	收储工作未能按约定时间完成，导致生态银行未能及时落实
		投资超支风险	指项目实际投资超过计划投资，导致成本上升
	融资风险	融资可得性风险	无法及时获得资源收储所需要的资金而导致生态银行无法顺利进行的风险
		融资结构合理性风险	主要是指生态银行方案中资金比例关系，主要包括项目权益资本金和项目债务资金两者的比例，以及权益资本金和债务资金各自的内部结构比例。不同的融资结构对应着不同的负债水平，融资结构不合理会造成较高的融资成本或者造成资金断流，致使项目遭受巨大的损失

（续）

风险分类		风险表现形式
运营阶段风险	运营风险 — 运营能力风险	产业运营商能力不足或经验不足，导致产业运营效果不理想
	运营风险 — 商业运营风险	指生态产业商业运营失误或市场需求少而无法实现预期合理收益的风险
	市场风险 — 股权变更风险	指股权变更、所有权归属纠纷等对运营产生影响
	市场风险 — 价格调整风险	由于产品定价不合理或者调整无弹性（不自由或不及时）导致运营收入不如预期或其他不利影响

第二节 风险防控

根据生态银行项目中风险的多维性和多层次性，应分别采取相应的风险防控措施策略。

一、系统风险防控

（一）政治与法律风险防控

1. 政治风险防控

政治风险主要是指由于各种政治因素造成项目失败的可能性与损失的严重性，包括相关政策不支持或不稳定，政策执行负责人与执行人员的变动。

国家政策对生态银行的运作能起到宏观调控的作用，一旦相关政策发生改变，将会对生态银行企业生产经营产生较大的冲击，也会影响当地公众的利益。有效地防控政治风险，既有利于增强生态银行投资者和当地公众的信心，也有利于维护社会稳定。一方面生态银行投资企业在进入生态银行前需要认真研读与生态银行相关的政策文件，在现有政策文件中掌握生态银行发展的宏观调控方向，对有敏感政策和不确定性大的行业与投资方向尽量避免，保持谨慎的投资态度；另一方面南平市政府与生态银行投资人签订相关的合同，明确政治风险发生时的补救方案，因政府原因产生的政治风险，南平市政府给予投资人相应的补偿，并在合同中制定补偿标准。

2. 法律法规变更风险防控

法律法规变更风险主要是指可能由于颁布、修订或者重新解释法律法规及相关政策造成项目失败的可能性与损失的严重性，从而导致项目的合法性、产品服务标准、市场需求等因素发生变化，对产业的开发、运营带来负面影响。

由于生态银行建设发展时间较短，关于生态银行的法律法规制度不够完善，且法律法规本身也有变更的风险，容易导致生态银行建设缺乏法律法规的规范与支持，缺少行业监督。为了能够给参与生态银行建设的投资者以及当地利益相关者们信心，增强投资者以及当地公众的信任，这一方面需要生态银行平台严格遵守现有的法律法规，构建生态银行诚信形象；另一方面需要政府的大力支持，通过合同明确约定法律变更风险大部分由南平市政府承担，对投资人所受损失进行补偿。同时，当地公众也应正确看待政府相关部门的监管，积极配合监管工作。

（二）经济风险防控

1. 税收风险防控

税收风险主要是指政府可能不提供或取消约定的减免税待遇、改变税收政策等，从而给项目带来经济损失的风险。

随着市场经济的不断发展，税法、政策也会不断地进行相应的调整。鉴于此，生态银行在建设过程中一方面应该以长远的目光看待法律的更新与经济的变动，不断地使生态银行的发展适应法律的需要。另一方面针对政府可能不提供或取消约定的减免税待遇，生态银行投资者与当地合作者签订合同，应明确约定各自承担税收变动风险的比例。

2. 利率变动与通货膨胀风险防控

利率变动风险是指由于利率变动直接或间接地造成项目收益受到损失的风险。如果采用浮动利率融资，利率上升会造成生产成本的上升；如果采用固定利率融资，市场利率的下降就会造成机会成本的提高。

通货膨胀风险是指因通货膨胀引起货币贬值而造成项目资产价值和收益缩水的风险。通货膨胀率的上升也会增加运营成本。

生态银行在利率变动与通货膨胀风险防控上一方面要建立健全银行内部结构机制，设立专门应对利率变动与通货膨胀风险防控部门，邀请专业人士和国内经济专家加入，时刻关注利率宏观经济政策、金融政策、金融相关指标、通货膨胀及其相关指标的变动，将客户的信息、贷款情况等纳入到数据的检测和分析之中，定期预测利率变动的风险和通货膨胀的风险，分析状况以及应对策略，同时加强对生态银行内部工作职员定期进行利率风险变动及通货膨胀风险应对策略与能力的培训工作。另一方面，要创新发展思维，努力开拓新型业务，创新生态银行盈利模式，利率的变动和通货膨胀往往没有办法完全掌控，但生态银行自身的发展方向可以掌控，要不断开拓生态银行的中间业务，创新产品，才能做到生态银行可持续发展。除此之外，还可以通过合同约定的形式，规定利率增长超过一定幅度时，南平市政府予以投资者补偿，具体补偿的条件和幅度在合同中予以约定，针对通货膨胀的风险，可约定由南平市政府和投资人共同分担风险，这样能增加生态银行投资者的信心与安全感。

（三）合作风险防控

1.合同完备性与变更风险防控

合同完备性与变更风险指由于在合同参与方之间职权分配不合理、责任界定不清晰、风险分担不合理以及合同履行过程中随着项目环境变化可能发生的合同变更等使得参与方之间合作效率低下，遇到问题相互扯皮甚至难以维持合作关系的风险。

合同的完备性与变更的风险防范主要从拟定的合同上进行防范，在合同签订前要注重合同条款的设计，在生态银行招标之前，政府与投资商都需要准备好内容具体、周密、严谨、明确、可行的合同条款，对合同中的相关术语进行准确、具体的解释，合理安排双方在变更事项中的权利义务，在合同中设置再谈判条款，明确约定再谈判的启动要件和程序。

2.组织管理与协调风险防控

组织管理与协调风险指由于生态银行的组织协调能力不足，所以项目参与各方的沟通成本增加、成员之间相互埋怨从而导致项目进展不顺利的风险。

组织管理与协调风险防控的措施有：建立周密的生态银行组织架构，完善内部的治理机制，建立合理的项目组织结构化和有效的决策机制、评价和激励机制，加强各方之间的沟通和联系，建立多部门组织协调机构。

3.利益相关者风险

利益相关者风险指政府、投资人、金融机构、规划单位、产业运营商、公众、媒体等多方利益相关方之间缺乏沟通或合作基础而导致组织效率低下或者不合作的风险。

利益相关者风险防控应通过签订合同明确和界定各方利益相关者的责任和权限，在执行过程中，可以通过设定柔性合同机制使得各方尽可能地合理分担风险。

4. 专业运营商信用风险

专业运营商信用风险指长期契约当中，专业运营商利用自身的专业优势和信息不对称，降低产品标准或服务质量，减少相应投资或对政府方"敲竹杠"，要求增加财政补贴的风险。

专业运营商信用风险防控应对运营商进行资格审查，对其资金能力、信用情况、管理水平及业绩经验等进行审查。政府要求专业运营商提供履约担保，在运营阶段，政府方需对运营情况进行监管。健全行业监督管理与信息披露制度，信息公开程度不够高，部分市场不够活，配套的监管制度不够完善，导致管理指令不能够有效落实和施行。为了增强投资者对自身投资的生态银行的运行细则、收益状况的了解，减少信息的不对称，要进一步加强对于行业的监督管理。

5. 政府信用风险防控

政府信用风险主要是指政府依靠其权利优势拒绝履行合同中的相关义务，致使项目遭受损失，或其他政府原因导致运营困难的风险。

应建立实施政府信息实时公开制度，具体措施有：一是要求在建立生态银行时，政府对投资企业资质进行全面审核，从规模、性质、信用体系等维度衡量企业资质，提供给消费者和当地公众较为完善的信息；二是南平市政府必须公开生态银行项目基本概况、资金使用计划及生产状况，邀请有意愿加入生态银行的投资者参与调研当地林业等生产活动，便于投资者了解相关信息；三是规范生态银行作为一个平台的运作流程，最大限度地满足投资者对信息公开的要求，缓解投资者对资金风险的担忧；政府出台专门文件，严格规范操作流程，出具与本项目相关的财政预算规划。除此之外，政府还可以通过构建资金池来缓解资金项目缺乏监管的风险，提升投资者对生态银行项目的信任程度。在合同中明确政府在各种情况下的违约责任，明确争议解决机制。

（四）社会风险防控

1. 公众反对风险防控

公众反对风险防控指公众对生态银行的认识不足或者企业在收储、建设及运营过程中影响了公众的利益而引起的公众不满、反对、抗议甚至冲突的风险。

之所以会产生公众反对风险是因为公众对生态银行的认识不足或者企业在收储、建设及运营过程中影响了公众的利益。要防控此项风险就必须要让公众参与到生态银行的建设中来，遵循参与式发展理论。该理论强调群众自主参与项目政策制定、实施、监督、评估等全过程，强调当地群众是社会经济发展和资源利用中的主人，要在外来者的指导和帮助下，培养自我发展的能力，形成自我意识，自主解决发展中面临的问题，真正实现社区的可持续发展，必须把所有的外部干预变成农民内源的发展动力，即农民要充分认识并接受外部干预的选择，并把它当成自己的发展承诺，才能增加农民对社区发展的拥有感。因此，在生态银行的建设过程中要多向当地公众普及相关知识，多举办会议向公众讲解，在制定制度政策时听取公众意见，让他们感受到生态银行是在他们的支持、见证下成立的，从而减少公众因不了解生态银行或因旁观者的态度而产生的公众反对风险。除此之外，还要防控公众因利益被影响而产生的公众反对风险，这需要加强项目信息公开，对项目立项、采购、确定中标人、过程监管、移交等环节对外公开信息，确保信息对称，让公众的知情权得到保障才不会猜疑自身利益被影响，且要在合同中明确对公众利益的保护，同时也要明确建立发生公众反对时的赔偿机制，来维护生态银行的利益。

2. 不可抗力风险防控

不可抗力风险主要包括自然灾害不可抗力（如洪涝、地震等）和社会不可抗力（如战争等）的风险。

对于生态银行建立可能产生的自然灾害风险，可以通过购买相关农业、林业保险来转嫁风险，将投资者和当地公众的损失降到最小。除此之外，生态银行作为资源与资产通道的平台，可以将高校或科研机构的技术引入生态银行，与当地公众合作，将南平市的林地作为实验基地，有效解决林地生产与建设过程中存在的问题；通过提高生产管理技术，以科学的生产方式管理林业生产，增强抵御自然灾害的能力，从而有效降低自然风险；而当地公众也应恪守行业规范，树立良好的质量把控体系供生态银行鉴定。同时，应签订相关合同，明确对不可抗力事件的定义以及不可抗力事件之后的政府和投资人、当地公众分担风险的约定，并对投资人或项目公司的保险要求进行明确约定。

二、准备阶段风险防控

（一）审批延误风险防控

审批延误风险指在生态银行的前期准备中，方案和设立手续需要政府层层审批，如果审批程序复杂或延误，会延长时间，从而间接增加成本的风险。

针对审批延误风险，首先，要求生态银行内部建立专门的材料审批申报部门，认真研究审批需要提交的资料，生态银行、投资者、南平市政府互相配合一次性备齐需要提交的审批材料，避免因资料不全造成的时间延误；其次，南平市政府作为生态银行的重要组织者需承担本项目所需相关审批延误的风险，应当建立与生态银行相关的部门协调机制和与上级政府的沟通机制，为生态银行审批开通相关的绿色通道，提高办事效率，加快审批速度。

（二）方案变更风险防控

方案变更风险主要是指原生态银行设立方案出现各种重大变更，可能会发生重新论证或者暂停等情况的风险。

方案变更风险的防控首先在前期加强方案的多方论证和科学设计，聘请一流的专家进行多轮评审和把关，制订合理且各方认可的方案，尽量避免后期发生方案变更的情况。为防控不得已的方案变更产生的风险，需在进入实施阶段前签订合同，在合同中明确约定各方对方案变更需要承担的责任，响应的再谈判机制，以及对重大方案变更建立的合理的调整和补偿机制。

三、实施阶段风险防控

（一）资源收储风险防控

资源收储风险主要有进度延误风险和投资超支风险，进度延误风险主要是指收储工作未能按约定时间完成而导致生态银行未能及时落实的风险。针对进度延误风险的防控措施首先要在项目实施前，做好合理的进度计划，在实施过程中，要注重多部门的协同和动态把控，对主要的关键节点、难点要重点控制和有预案。因为农民违约而造成的进度延误需要在合同中明确约定进度延误的惩罚措施。投资超支风险主要是指项目实际投资超过计划投资而导致成本上升的风险。防控投资超支风险首先要在实施前做好项目预算的科学合理编制，做好投资超支的融资预案，其次在实施过程中要加强对费用的使用监管。

（二）融资风险防控

融资风险主要有融资可得性风险和融资结构合理性风险。融资可得性风险主要是指无法及时获得资源收储所需要的资金而导致生态银行无法顺利进行的风险。针对融资可得性风险防控首先需要在政府提供了必要的融资支持文件后，政府协助生态银行对接相应金融机构，生态银行作为融资主体承担融资失败的风险。

融资结构合理性风险主要是指生态银行方案中资金比例关系，主要包括项目权益资本金和项目债务资金两者的比例，以及权益资本金和债务资金各自的内部结构比例。不同的融资结构对应着不同的负债水平，融资结构不合理会造成较高的融资成本或者造成资金断流，致使项目遭受巨大的损失。防控措施首先由生态银行作为主体承担融资结构不合理的风险，鼓励生态银行优化融资结构，降低融资成本。

四、运营阶段风险防控

（一）运营风险防控

1. 运营能力风险

运营能力风险主要是指产业运营商能力不足或经验不足而导致产业运营效果不理想的风险。防控运营能力风险的措施如下。首先，要南平市政府对生态银行的运营招商进行市场测试，并通过公开竞争方式择优选取产业运营商，在遴选标准中强调潜在产业运营商的经验、能力和业绩。其次，建立实施信息实时公开制度，要求平台对企业资质进行全面审核，从规模、性质、信用体系等维度衡量企业资质，实时向公众公开企业运营情况，能够给予公众信心的同时监督企业运营行为。最后，要加强生态银行人才队伍培养，丰富相关知识，定期开展相关的技能培训，不仅要求技能上的提升，同时要加强人才的职业道德教育，面对利益引诱或者领导压力，从业人员保持洁身自好，始终抑制不良动机，创造良好向上的企业文化氛围，提高企业的运营能力。

2. 商业运营风险

商业运营风险指生态产业商业运营失误或市场需求少而无法实现预期合理

收益的风险。针对商业运营的风险，政府一方面要协助产业运营商共同做好市场潜力分析，尽量避免商业运营前期投资存在的风险，另一方面协助做好配套服务，在合同中约定奖惩机制和善后机制。

（二）市场风险防控

1. 股权变更风险

股权变更风险指股权变更、所有权归属纠纷等对运营产生影响的风险。防控措施为：政府应制定详尽的股权变更条件，明确受让方股东的条件，并要求投资人股东提供相应担保。如需变更，须经政府方同意，原有投资人应承担的责任不因股权结构的变化而变化，不得因股权转让而影响运营公司的资质和运营管理。

2. 价格调整风险

价格调整风险指由于产品定价不合理或者调整无弹性（不自由或不及时）导致运营收入不如预期或其他不利影响的风险。防控措施为：产业产品的价格实行政府监管下的市场定价，产业运营公司制定合理的价格报南平市物价局审核。当CPI（consumer price index，居民消费价格指数）、工资、通货膨胀等影响因素导致运营成本上升超过可控范围时，运营公司可报政府审核进行调价。

第八章

生态银行的
保障措施

猕猴/南平市自然资源局提供

伴随着各地积极探索和践行"绿水青山就是金山银山"的转化机制，将绿色发展方式纳入各级政府考评指标，是贯彻生态文明建设的具体行动。南平市将生态银行作为生态文明体制改革及绿色发展的突破口，作为各级政府绿色绩效考评的一个重要方面，实现了"点绿成金"。本章从政府领导、绩效考核、队伍建设、监督检查、宣传等方面为生态银行实施提出了保障措施，为生态银行改革试点保驾护航。

一、加强组织领导

南平市及下属区（县、市）有关部门要按照职能分工，搞好政策衔接，在制度建设、资金投入、配套实施等方面给予积极支持，帮助解决实施中遇到的重大问题。成立专项工作领导小组，做好统筹协调，加强生态银行工作的组织领导，出台配套政策措施，明确工作责任，确保各项任务落到实处。落实责任主体，建立和完善工作机制。

生态银行领导小组的意义重大，起到总揽全局、协调各方的核心作用。南平市对生态银行领导小组的建立尤为重视，在成员确定上经过了细致研究，确保领导小组成员能够明确做好分工合作，发挥自身作用，给予生态银行运行保障和支持。

2018年4月8日，南平市人民政府首次发布了《南平市人民政府办公室关于成立生态银行课题调研工作小组的通知》，要求各级单位报送生态银行课题工作小组成员名单，明确建立领导小组协同推进南平市生态银行课题的调研工作。

2018年6月19日，发布了南平市人民政府办公室文件——《南平市人民政府办公室关于成立生态银行试点工作领导小组的通知》，决定成立生态银行试点工作领导小组，由南平市市常委、市政府常务副市长伍斌担任领导小组组长，市政府副市长罗恩平担任副组长，领导成员分工协作，负责生态银行试点的具体业务工作。生态银行领导小组成立后非常重视生态银行具体业务工作的开展，各小组成员也积极配合领导小组工作，共同推进生态银行的建设和发展。

2018年10月8日，市生态银行试点工作领导小组办公室发布了《关于抽调生态银行试点工作领导小组办公室工作人员的函》，抽调市财政局、国土资源局、林业局各一位同志充实到市生态银行试点工作领导小组办公室，负责落实生态银行日常工作，实行集中办公、常态化运行。领导工作小组成立之后为生态银行的建设和发展提供了保障与支持，高质量、高效率的工作小组得到南平市市委、市政府的认可。

2018年10月8日，中共南平市市委办公室、南平市人民政府办公室联合发布《关于成立推动重点工作专项工作小组的通知》，研究决定成立11个推动重点工作专项工作小组，以有效应对南平市经济社会发展出现的新情况、新问题，推动南平高质量发展、赶超发展、绿色发展。生态银行建设工作小组就是其中重要的一组，明确生态银行工作小组的职责是统筹推进全市生态资源调查摸底、确权登记，组建生态银行运营公司及自然资源信息管理平台，项目策划，导入产业，协调解决试点推进过程中存在的问题，加强防范，及时化解在金融、政策、社会、环保等方面遇到的风险。除此之外，应加强生态金融创新。由于自然资源投资收益期较长，应出台生态金融政策，把碎片化资源转变为资产，形成可交易产权，保障支持生态银行建设，促进经济发展转型。

生态银行领导工作小组自成立以后就在不断地发挥其职能作用，大力推动了生态银行的建设工作，组织开展了生态银行试点项目招商活动，组建了南平市生态银行专家委员会等。应尽快出台生态银行建设实施方案，指导、督促、总结武夷山市、顺昌县及延平、浦城、建瓯、光泽等县（市、区）试点工作。

二、完善绩效考核

按照方案设置的路线图和任务指标，加强对各部门、各县（市、区）的考核，采取平时考核与年终考核相结合、定量考核与定性考核相结合、单项考核与综合考核相结合的方式，增强考核的科学性、准确性、权威性和实效性。利用分解的绩效考核保障生态银行任务的顺利推进和有效实施。

南平市及下属区（县、市）有关部门要按照职能分工，搞好政策衔接，在制度建设、资金投入、配套实施等方面给予积极支持，帮助解决实施中遇到的重大问题。做好统筹协调，加强生态银行工作的组织领导，出台配套政策措施，明确工作责任，确保各项任务落到实处。落实责任主体，建立和完善工作机制。

三、加强队伍建设

生态银行涉及生态、农业、林业、水利、金融、旅游、文化、大数据等诸多专业，对专业技术人员要求较高，需要培养和引进结合、引资和引智结合、专职和兼职结合，通过外聘、全职、兼职等多种形式，灵活积极引进有经验、有水平的外部高端专业人才，同时通过招聘、培训、交流、挂职等多种途径，积极培育本地专业技术人员，打造既有国际眼光、熟悉国家政策走向，又了解南平发展实际的人才队伍。

强大的人才队伍支撑才能够保障生态银行的顺利高效运行。为了能够更好、更高效地推动生态银行试点工作的顺利进行，南平市全面加强生态银行人才队伍建设，主要从三个方面入手：一是组建南平市生态银行专家委员会。2018年9月16日，南平市生态银行试点工作领导小组办公室印发了《南平市生态银行专家委员会组建方案》，将专家委员会定位为生态银行体系的核心智库，首先，为生态银行战略发展提供高端的智力支持，负责指导把控生态银行运行过程中的重大事项；其次，作为对外的接口和资源导入通道，是智力资源、资金、人才、技术、团队（机构）的入口，是南平市丰富优质的自然资源变资产成资本的顶层设计团队；最后，为政策支持助力，专家委员会为生态银行提供政策建议和指引，在南平市践行国家政策方面提供咨询建议。专家委员的行业背景包括生态、投融资、旅游、农业农村、文化、政策法规等领域，后续根据实际需要，不断拓展。在职业背景方面，专家委员可以是来自学术界的院士、教授、学者，也可以是相关行业的管理精英、技术专家。2018年10月16日，通过会议讨论最终确定了生态银行专家委员会名单。二是组建南平市生态资源保护开发有限公司。强势的生态公司班子的建立能够为生态银行试点工作提供专业化、商业化的支持。南平市生态资源保护开发有限公司的股东结构是南平市金融控股有限公司（持股比例为80%）、武夷山市政府指定出资代表（持股比例为10%）、顺昌县政府指定出资代表（持股比例为10%），后期再通过增资扩股，不断引入高水平产业投资机构、产业运营机构等战略伙伴和其他县（市、区）入股。公司职能主要是自然资源信息平台建设。通过建立南平市自然资源信息平台，导入南平市自然资源基础数据信息，并依托该平台对南平市辖区内自然资源进行全面梳理、集中展示、动态管理，实现各类资源信息（包括类型、位置、边界、数量、质量、权属等）的整合运用，提升南平市自然资源的统一规划、开发、利用、管理和保护水平。公司职能其次是建设投融资创新平台，通过股权合作、委托经营等方式，引入优质运营管理企业和银行、信托、基金等金融机构以及第三方投资商，导入资产并撬动资金流入，拓宽投融资渠道。公司职能再次是建设招商引资平台，利用生态公司平台整合提升自然资源，打造优质项目，借助国内有影响的产权交易平台，有效提高招商引资成功概率，为南平市自然资源提供对外推介的窗口，吸引更多优质投资商，带动当地经济发展。三是实行特色做法和颁布各项政策吸引人才。南平市在吸引人才方面有以下特色做法：一是人才工作领导小组实行"双组长"。强化对县（市、区）人才工作目标责任制考评，形成党委统一领导、部门各司其职、社会力量积极参与的人才工作格局。二是设立市人才专项资金。全市每年统筹资金不少于2亿元，保持年增长10%以上。今后市级人才重大工程和重大项目，一般按照全省山区地市最优惠标准设计。三是集成式支持企业引才。围绕重点产业转型升级需要，5年遴选100家符合重点产业发展方向且年销售额增长高于同行业平均水平的成长型企业，按照企业实际支付人才经费60%的标准，给予年最高5000万元的集成式支持。四是引进储备一批党政储备高素质人才。借鉴引进生模式，面向国内外著名高校，选拔引进一批建筑、水利、交通、规划、经济、工商管理等紧缺急需专业硕士、博士。五是引进储备一批紧缺急需专业技术人才。采取紧缺急需专业人才专项招聘和"人才·校园行"组团式招聘、定向委培等形式，为教育、医疗等民生领域和乡村基层引进储备一批教育、卫生、农技、水利、规划、建筑等紧缺急需专业人才。六是实施人才"安居工程"。对新引进的高层次人才奖励60~120m²人才房或30万~60万元购房奖励；对新到南平基层、企业就（创）业的高校毕业生提供购房补助、租房补贴或人才公寓等。七是实施基层党群工作者招聘计划。从2018年起，用3年时间，组织选拔3000名基层党群工作者。除了以上的七项特色做法，南平市还颁布了《关于加强南平市人才工作的十条措施》（南委发〔2017〕9号）、《关于进一步激发本土人才干事创业活力二十条措施》（南委发〔2017〕20号）、《南平市人才住房保障暂行办法》（南委办发〔2017〕20号）、《南平市重点产业人才引进培育实施办法》（南委办发〔2017〕21号）、《南平市高层次人才享受市政府津贴实施意见》（南人综〔2017〕108号）等文件吸引人才进入南平市，推动南平市的发展建设。

四、严格监督检查

生态银行事关广大群众的切身利益,需要加强对生态银行实施情况的监督,加强重要事项的公开公示,比如,流转政策、价格、进展情况等。进一步完善公众参与、专家论证和政府决策相结合的决策机制。制订考核方法,完善评价机制,健全重大事项报告制度,各地各部门定期将实施进展情况向领导小组报告。各有关职能单位应加强对生态银行相关情况的监测,自觉接受监督检查,保证生态银行工作有序有效推进,切实发挥综合效益。

南平市高度重视生态银行监督机制的建立,确保生态银行在建立过程中的合法性、合理性,维护南平市广大人民群众、利益相关者的合法权益。2018年6月20日,南平市人民政府办公室发布《关于做好生态银行试点专题会议,议定事项落实工作的通知》,通过视频会议明确工作任务,分解工作内容,由市政府统一监督,明确了责任单位,其中,自然资源调查、确权工作由武夷山市、顺昌县政府、南平市国土局和林业局等负责进一步细化和完善。生态银行公司组建工作则由南平市财政局、国有资产监督管理委会员和金融控股公司负责进一步修改和完善。2018年9月16日,南平市人民政府督察室发布政府督察通知单《关于尽快做好成立市生态公司相关工作的紧急通知》,由南平市人民政府监督南平市生态资源保护开发有限公司的组建,要求做到明确出资主体,明确董事、监事人选,保障注册资金来源;武夷山市政府、顺昌县政府提供各自出资主体的公司营业执照复印件、相关董事、监事人员的身份证复印件。2018年10月22日,中共南平市市委督查室发布了《关于开展生态银行试点工作推进情况督查调研的通知》,南平市市委督察室于10月23～26日赴县(市、区),对落实《南平市生态银行试点实施方案》(南委〔2018〕82号)开展督查调研。督查内容主要是专家委员会组建及工作开展情况;项目公司筹建情况;试点地区生态产业总体规划编制工作;自然资源摸底确权工作;资源收储工作。2019年1月29日,南平市发展和改革委员会以及南平市自然资源局承办了南平市第五届四次人民代表大会进行的《关于有效推进生态银行建设的建议》,听取了人民代表大会代表对生态银行建设的建议意见,接受人民代表大会代表的监督工作。

五、加大宣传力度

采取多种形式全方位地宣传生态银行对南平市可持续发展的重要性,形成人人关心生态银行、全社会支持生态资源可持续发展的良好氛围。及时做好生态银行的总结和宣传,打造新时代生态资源开发的南平模式。

大力度的宣传一方面能够传播生态银行的理念,让更多的人理解何为生态银行,以及它的机制和实现方法,便于当地利益相关者和外部投资商理解生态银行,有利于建立工作更好地实行,另一方面让更多的人关注到生态银行,从而能产生舆论效应,更好地监督生态银行的建立工作,为生态银行的建立提供保障。生态银行实质上是通过对生态资源的重新配置和优化利用,实现综合效益最大化,解决资源变资产成资本问题,打通生态产品价值实现路径。经过持续2年多的探索,生态银行已成为南平市三大绿色发展战略之一,实践成果得到福建省及中央部委的高度肯定,并且吸引了《闽北日报》、中国新闻网、人民政协网、今日头条等各大媒体的关注与报道。2018年4月19日,《中国环境报》发表了题为《福建南平拟建'生态银行'点绿成金》的文章,介绍了生态银行的思路框架;2018年9月26日,《闽北日报》发表了题为《化零为整,青山变金山的'南平路径'》的文章,报道了南平市构建有效整合、产权明晰、效益价值可量化的自然资源资产管理体系,走出一条绿色创新发展的"南平路径",其中,就提到了南平市正在积极探索构建生态银行,健全国家自然资源资产管理体制试点工作。

参考文献

白玛卓嘎, 肖燚, 欧阳志云, 等. 2017. 甘孜藏族自治州生态系统生产总值核算研究 [J]. 生态学报, 37(19): 6302-6312.

蔡中华, 王晴, 刘广青. 2014. 中国生态系统服务价值的再计算 [J]. 生态经济, 30(2): 16-18.

陈龙, 孙芳芳, 张燚, 等. 2019. 基于自然资源价值核算的深圳市绿色经济协调发展分析 [J]. 生态与农村环境学报, 35(6): 716-721.

陈燕玉. 2018. 新时代生态补偿机制市场化路径与对策 [J]. 长沙理工大学学报: 社会科学版, 145(3): 115-120.

陈明华, 周伏建, 黄炎和, 等. 1995. 土壤可蚀性因子的研究 [J]. 水土保持学报, 9(1): 19-24.

陈仲新, 张新时. 2000. 中国生态系统效益的价值 [J]. 科学通报, 45(1): 17-22.

崔莉, 厉新建, 程哲. 2019. 自然资源资本化实现机制研究——以南平市生态银行为例 [J]. 管理世界, 9: 95-100.

崔向慧. 2009. 陆地生态系统服务功能及其价值评估 [D]. 北京: 中国林业科学研究院.

党晶晶. 2019. 美丽乡村建设中推进农村三产融合发展的对策研究 [J]. 农业经济, 8: 15-17.

董战峰, 葛察忠, 王金南, 等. 2016. "一带一路" 绿色发展的战略实施框架[J]. 中国环境管理, 8(2): 31-41.

段进朋, 许道荣. 2008. 试述我国资源资本化过程中的产权问题 [J]. 经济问题探索, 7: 18-21.

傅伯杰. 2010. 我国生态系统研究的发展趋势与优先领域. 地理研究, 29(3): 383-396.

GB/T21010-2007, 土地利用现状分类[S].

GB3838-2002, 地表水环境质量标准[S].

高吉喜, 李慧敏, 田美荣. 2016. 生态资产资本化概念及意义解析 [J]. 生态与农村环境学报, 32(1): 41-46.

高艳妮, 张林波, 李凯, 等. 2019. 生态系统价值核算指标体系研究 [J]. 环境科学研究, 32(1): 58-65.

国家林业局. 2008. LY/T 1721-2008 森林生态系统服务功能评估规范. 北京: 中国标准出版社.

郭璞璞. 2016. 基于遥感的环杭州湾地区生态系统服务价值评价 [D]. 上海：上海师范大学.

赫维人. 1997. 关于自然资源价值核算的探讨 [J]. 云南师范大学学报: 自然科学版, 17(2): 76-82.

胡鞍钢. 2014. 绿色发展: 功能界定、机制分析与发展战略 [J]. 中国人口·资源与环境, 24(1): 14-20.

贾康, 苏京春. 2016. 论供给侧改革 [J]. 管理世界, 3: 1-24。

LYT2735-2016, 自然资源森林资产评价技术规范[S].

李虹. 2011. 中国生态脆弱区的生态贫困与生态资本研究 [D]. 成都: 西南财经大学.

李家兵, 张江山. 2003. 武夷山国家级风景名胜区的游憩价值评估[J]. 福建环境, 3: 46-48.

李延明. 1999. 北京城市园林绿化生态效益的研究[J]. 城市管理与科技, 1: 24-27.

李丽, 王心源, 骆磊, 等. 2018. 生态系统服务价值评估方法综述 [J]. 生态学杂志, 37(4): 1233-1245.

李晓赛, 朱永明, 赵丽, 等. 2015. 基于价值系数动态调整的青龙县生态系统服务价值变化研究 [J]. 中国生态农业学报, 23(3): 373-381.

廖薇. 2019. 黎平县生态系统生产总值(GEP)核算研究 [D]. 贵阳: 贵州大学.

林晓薇. 2017. 我国生态补偿资金市场化筹集研究 [J]. 山西经济管理干部学院学报, 25(2): 40-43.

林敬兰, 陈明华, 周伏建, 等. 2002. 闽南地区地形坡度与土壤侵蚀的关系研究 [J]. 福建农业学报, 17 (2): 86-89.

刘化吉, 鲁敏, 赵泉, 等. 2011. 生态系统服务功能价值评估方法 [J]. 三峡环境与生态, 33(04): 29-34.

刘爽. 2019. 基于InVEST模型的湿地生态系统服务功能评估 [D]. 哈尔滨：哈尔

滨师范大学.

刘永强，廖柳文，龙花楼，等. 2015. 土地利用转型的生态系统服务价值效应分析——以湖南省为例 [J]. 地理研究, 34(4): 691-700.

牛文元. 2012. 可持续发展理论的内涵认知——纪念联合国里约环发大会20周年 [J]. 中国人口·资源与环境, 22(5): 9-14.

欧阳志云，王如松，赵景柱. 1999. 生态系统服务功能及其生态经济价值评价 [J]. 应用生态学报, 10(5): 635-640.

欧阳志云，朱春全，杨广斌，等. 2013. 生态系统生产总值核算：概念、核算方法与案例研究 [J]. 生态学报, 21(21): 6747-6761.

潘耀忠，史培军，朱文泉，等. 2004. 中国陆地生态系统生态资产遥感定量测量 [J]. 中国科学: 地球科学, 34(4): 375.

潘勇军. 2013. 基于生态GDP核算的生态文明评价体系构建 [D]. 北京：中国林业科学研究院.

秦昌波，苏洁琼，王倩，等. 2018. "绿水青山就是金山银山"理论实践政策机制研究 [J]. 环境科学研究, 245(6): 17-22.

饶淑玲，陈迎. 2019. 中国绿色金融：现状、问题与建议 [J]. 阅江学刊, 4: 28-38.

宋献中，胡珺. 2018. 理论创新与实践引领：习近平生态文明思想研究 [J]. 暨南学报：哲学社会科学版, 40(1): 2-17.

盛莉，金艳，黄敬峰. 2010. 中国水土保持生态服务功能价值估算及其空间分布 [J]. 自然资源学报, 25(7): 1105-1113.

王莉雁，肖燚，欧阳志云，等. 2017. 国家级重点生态功能区县生态系统生产总值核算研究——以阿尔山市为例 [J]. 中国人口·资源与环境, 27(3): 146-154.

王宏伟，刘建杰，景谦平，等. 2019. 森林资源价值核算体系探讨 [J]. 资源核算, 8: 62-68.

王俊. 2008. 我国循环经济视角下的资源税收政策研究 [D]. 成都：西南财经大学.

王磊，夏敏，赖迪辉. 2014. 基于土地利用变化的天津市生态系统服务价值响应及驱动因子分析[J]. 科技管理研究, 34(23): 110-114.

王小莉，高振斌，苏婧，等. 2018. 区域生态系统服务价值评估方法比较与案例

分析 [J]. 环境工程技术学报, 8(2): 212-220.

王宗明, 张柏, 张树清. 2004. 吉林省生态系统服务价值变化研究 [J]. 自然资源学报, 19(1): 55-61.

魏同洋. 2015. 生态系统服务价值评估技术比较研究 [D]. 北京：中国农业大学.

吴健, 郭雅楠, 余嘉玲, 等. 2018. 新时期中国生态补偿的理论与政策创新思考 [J]. 环境保护, 6: 7-12.

邬兰娅, 齐振. 2019. 习近平绿色发展理念的历史演进、内涵体系及价值考量 [J]. 社科纵横, 34 (8): 17-22.

邬晓燕. 2014. 绿色发展及其实践路径 [J]. 北京交通大学学报(社会科学版), 213(3): 97-101.

夏军, 王纲胜, 吕爱锋, 等. 2003. 分布式时变增益流域水循环模拟[J]. 地理学报, 5: 789-796.

夏淑芳, 陈美球, 刘馨, 等. 2019. 基于地理国情信息的赣州市土地生态系统服务价值核算 [J]. 农业机械学报, 50(6): 184-193.

谢高地, 鲁春霞, 冷允法, 等. 2003. 青藏高原生态资产的价值评估 [J]. 自然资源学报, 18(2): 189-196.

谢高地, 肖玉, 甄霖, 等. 2005. 我国粮食生产的生态服务价值研究 [J]. 中国生态农业学报, 13(3): 10-13.

谢高地, 张彩霞, 张昌顺, 等. 2015a. 中国生态系统服务的价值 [J]. 资源科学, 37(9): 1740-1746.

谢高地, 张彩霞, 张雷明, 等. 2015b. 基于单位面积价值当量因子的生态系统服务价值化方法改进 [J]. 自然资源学报, 30(8): 1243-1254.

谢高地, 张钇锂, 鲁春霞, 等. 2001. 中国自然草地生态系统服务价值 [J]. 自然资源学报, 16(1): 47-53.

谢高地, 鲁春霞, 成升魁. 2001. 全球生态系统服务价值评估研究进展 [J]. 资源科学, 23(6): 5-9.

谢高地, 甄霖, 鲁春霞, 等. 2008. 一个基于专家知识的生态系统服务价值化 [J]. 自然资源学报, 23(5): 911-919.

肖笃宁. 布仁仓, 李秀珍. 1997. 生态空间理论与景观异质性 [J]. 生态学报, 17(5): 3-11.

幸绣程，支玲，谢彦明，等. 2017. 基于单位面积价值当量因子法的西部天保工程区生态服务价值测算——以西部六省份为例 [J]. 生态经济(中文版), 33(9): 195-199.

严立冬，李平衡，邓远建，等. 2018. 自然资源资本化价值诠释——基于自然资源经济学文献的思考 [J]. 干旱区资源与环境, 242(10): 4-12.

于德永，潘耀忠，龙中华，等. 2006. 基于遥感技术的云南省生态系统水土保持价值测量[J]. 水土保持学报, 2: 174-178.

喻建华，高中贵，张露，等. 2005. 昆山市生态系统服务价值变化研究 [J]. 长江流域资源与环境, 14(2): 213-217.

于书霞，尚金城，郭怀成. 2004. 生态系统服务功能及其价值核算 [J]. 中国人口·资源与环境, 14(5): 42-44.

曾思栋，夏军，黄会勇，等. 2016. 分布式水资源配置模型DTVGM-WEAR的开发及应用 [J]. 南水北调与水利科技, 14(3): 1-6.

张彪，高吉喜，谢高地，等. 2012. 北京城市绿地的蒸腾降温功能及其经济价值评估[J]. 生态学报, 32(24): 7698-7705.

张灿强，李文华，张彪，等. 2012. 基于InVEST模型的西苕溪流域产水量分析(英文)[J]. Journal of Resources and Ecology, 3(1): 50-54.

赵德余，朱勤. 2019. 资源—资产转换逻辑：" 绿水青山就是金山银山 " 的一种理论解释 [J]. 经济, 6: 101-110.

赵同谦，欧阳志云，郑华，等. 2004. 中国森林生态系统服务功能及其价值评价 [J]. 自然资源学报, 1(4): 480-491.

朱文泉，潘耀忠，何浩，等. 2006. 中国典型植被最大光利用率模拟 [J]. 科学通报, 51(6): 702-703.

中共中央办公厅和国务院办公厅. 2019. 关于统筹推进自然资源资产产权制度改革的指导意见[J]. 农村工作通讯, 9: 56-58.

de Araujo Barbosa CC, Atkinson PM, Dearing JA. 2015. Remote sensing of ecosystem services: a systematic review [J]. Ecological Indicators, 52: 430-443.

Daily GC.1997. Nature's Services: Societal Dependence on Natural Ecosystems. Washington DC: Island Press.

Duraiappah AK, Asah ST, Brondizio ES, et al. 2014. Managing the mismatches to provide ecosystem services for human well-being: a conceptual framework for understanding the New Commons [J]. Current Opinion in Environmental Sustainability, 7: 94-100.

Barbier EB. 2011. Capitalizing on Nature: Ecosystems as Natural Assets [M]. Cambridge: Cambridge University Press.

Costanza R.1997. The value of the world's ecosystem services and natural capital[J]. Nature, 387: 253-260.

Edens B, Hein L. 2013. Towards a consistent approach for ecosystem accounting. Ecological Economics, 90(9): 41-52.

Pirard R, Lapeyre R. 2014. Classifying market-based instruments for ecosystem services: a guide to the literature jungle [J]. Ecosystem Services, 9: 106-114.

Wischmeier WH, Smith DD. 1978. Predicting rainfall erosion losses a guide to conservation planning. Science and Education Administration, US Department of Agriculture.

附 件

附件一：评估资产细则

原国家林业局于2008年发布的《森林生态系统服务功能评估规范》如下图所示。林业资源的评价标准包括其在涵养水源、保育土壤、固碳释氧、积累营养物质、净化大气环境、森林防护、生物多样性保护、森林游憩等方面的预期作用指标。

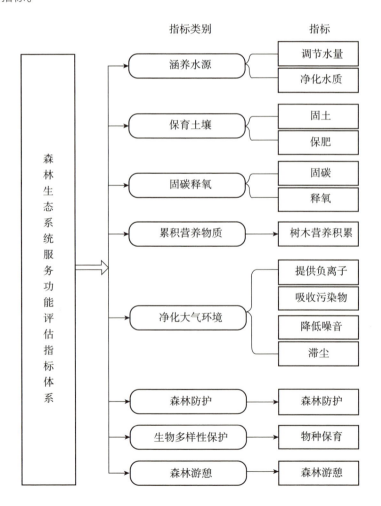

因此，通过多源大数据技术进行生态资源评估的技术流程如下图所示。

```
┌──────────────┐                    ┌──────────────────┐
│  遥感大数据   │                    │ 金融历史数据统计  │
└──────┬───────┘                    └─────────┬────────┘
       ↓                                      ↓
┌──────────────────┐              ┌────────────────────────┐
│ 多源大数据标准化与应用 │           │ 历史数据格式标准化及录入 │
└──────┬───────────┘              └──────────┬─────────────┘
       ↓                                     ↓
    ┌─────────────────────────────────┐      │
    │      数据储存与交互系统           │      │
    │   ┌─────────────────────┐       │      │
    │   │  高分辨率数据中心    │       │      │
    │   └──────────┬──────────┘       │      │
    │              ↕                   │   ┌──────────┐
    │   ┌─────────────────────┐       │   │ 闭环校验  │←─┐
    │   │  联动性共识加密机制  │       │   └────┬─────┘  │
    │   └──────────┬──────────┘       │        ↓         │
    │              ↕                   │   ┌──────────────┐│
    │   ┌─────────────────────┐       │   │ 估值输出与归档││
    │   │   溯源区块链系统     │←──────┼───└──────────────┘│
    │   └─────────────────────┘       │                    │
    └──────────────┬──────────────────┘                    │
                   ↓                                        │
┌──────────────┐  ┌──────────────┐  ┌──────────────┐      │
│ 积累营养物质  │←─│ 多源大数据应用│→│ 生物多样保护  │      │
└──────┬───────┘  └──────┬───────┘  └──────┬───────┘      │
       │     ┌─────┬─────┼─────┬──────┐    │              │
       │     ↓     ↓     ↓     ↓      ↓    │              │
       │  ┌────┐┌────┐┌────┐┌──────┐┌────┐ │              │
       │  │涵养││保育││固碳││森林游憩││净化│ │              │
       │  │水源││土壤││释氧││      ││大气│ │              │
       │  └────┘└────┘└────┘└──────┘└────┘ │              │
       │                              ┌────┐               │
       │                              │森林│               │
       │                              │防护│               │
       │                              └────┘               │
       │              ↓                                     │
       │         ┌──────────┐                              │
       └────────→│ 估值汇总  │──────────────────────────────┘
                 └──────────┘
```

附件二：多源大数据技术应用

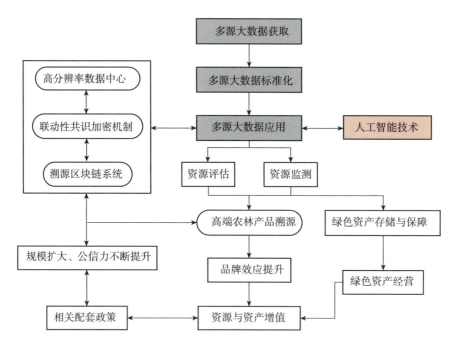

通过数据获取—标准化—处理—应用全链路系统，与大数据中心、区块链系统实时交互，以智能化高效资源评估、资源监测的形式，为绿色资产存储与保障提供技术支持，并构建高端农林产品溯源体系，从品牌效应着手，与传统资产增值方式结合，实现绿色资源与资产的全方位增值，并结合相关政策，进一步扩大区块链体系规模，实现系统与应用的相互反哺的良性循环。

致　谢

　　书稿完成，百感交集。耕耘闽北大地的两年，从旅游规划研究拓展到"两山"理论实践路径、生态银行研究，于我个人是考验、磨炼，更是知识体系的拓展升级，其中甘苦，难以述说。研究工作经历了"独上西楼"的孤独、"衣带渐宽"的迷茫、"蓦然回首"的感悟，在构建生态银行理论体系及推动生态产品价值实现的实践研究中，全方位调研南平市社会经济、生产生活、自然环境、人文民生的各个方面，让我感触最深的，是刻骨铭心的激励和使命。我已忘记自己如何走完这段路程，但其间很多人给我支持和帮助，让我每每想起，总心生温暖，满满感激。

　　一谢恩师。本书的研究和撰写，离不开中国工程院沈国舫院士、北京林业大学李俊清教授悉心指导。博士期间，两位老师谆谆教诲，授业传道，在本课题研究中，亦不吝时间，解疑释惑，指明方向。在他们身上很好体现了生态学学科"求真务实"的研究精神及代际传承。同时，感谢师门兄弟姐妹们鼎力支持。武曙红教授、孙立博士、张玉波博士、吴金友博士、赵志江博士、田成博士、于涛博士等给予了我无私的帮助和大力支持。

　　二谢高参。课题前期调研中，国务院参事室绿色研究中心组织国务院参事刘燕华、刘志仁、夏斌、张洪涛、李武、马丽以及国务院参事室特约研究员左小蕾、张玉香、何建坤等专家，对南平生态银行方案提出了宝贵意见。课题过程中，他们从绿色发展、三农、金融、自然资源、区域治理等各个领域给予了我无私的帮助和指导，让我受益匪浅。

　　三谢南平。这是生态银行落地生根、生动实践的沃土。南平市委、市政府及地方政府多次组织市委、市政府会议，对生态银行工作进行研究部署，大力推动；市、县、镇、村四级全力支持课题工作，使试点顺利开展，逐步形成兼具政策高度、理论深度和执行力度的南平生态银行试点方案。生态银行是一项开创性工作，无先例可循，研究过程经常遇到难点堵点，每每萌生退却想法，都会在南平市委、市政府领导集体奋进精神的激励下坚持下来。特别是南平市领导爱岗敬业、尊重人才的精神，深深感染着我。有次调研我犯胃痛，时任南平市组织部部长的罗志坚同志反复嘱托并打电话给医院交待照顾好课题组专家。当得知我从福州返京，特意赶来煮了一锅治胃偏方"猪肚汤"给我喝；当我找不到课题方向和目标时，时任南平市委书记袁毅同志给我讲述他对生态资源集约利用的理念及守土有责的使命感，让我深受启发，从中领会到人类与自然深刻的依存关系，认识到保护自然资源、寻求新的可持续发展方式是生态文明建设的重要任务，是探索自然资本新经济的时代课题，从而豁然开朗。

四谢团队。在生态银行研究过程中，每一个参与课题的成员都尽心尽力，竭尽所能地融入课题研究。特别感谢肖潜辉教授、国务院发展研究中心杨晓东研究员、张凌云教授、厉新建教授、杨晶晶副教授、程哲教授等对课题的贡献；感谢学校领导对生态银行研究工作的支持；感谢周春、陈俊友、马南山、陈丛岩、张悦、茱莉娅、韩月、小安、杨依依、安娜、肖玲等小伙伴们对课题研究做出的努力和贡献，你们是我坚强的后盾，是我最可靠的战友。

五谢家人。父母的陪伴和照顾，让我没有后顾之忧，安心调研，从事研究。无论是披星戴月出发还是夜深人静归来，妈妈总是给我准备好早餐或夜宵。她一方面不断嘱咐我不要太辛苦，凡事尽心尽力，不必尽善尽美，同时又教育我脚踏实地，实实在在做人做事，勿以善小而不为；感谢家人帮助我分担了很多生活的琐事，让我专注研究；当然还得感谢我可爱的女儿，课题研究的两年间，她长高25厘米！小丫头陪我跋涉闽北山水调研，一起探索武夷山九曲溪、北苑贡茶、匡山景区、仙霞古道等，在九曲棹歌中感受岩骨花香，我们一起成长在时光里。

最后，感恩书稿撰写过程中给予我支持的朋友、同事、学生们！生态银行是自然系统可持续经营的多主体协同治理机制，是生态产品价值实现的市场化途径，衷心祝愿南平市能够在探索中不断总结完善，进一步激发活力动力，为生态资源富集欠发达地区探索出一条可复制、可推广、点绿成金的创新之路。

著者
2019年7月

后 记

本书构建了生态银行理论创新体系，同时以福建南平市"生态银行"试点为例，探索了以政府引导和企业主导相结合的生态产品价值市场化实现形式，实现了自然资源资本化的创新探索，是对"绿水青山就是金山银山"理论指引下的理念、思路、模式、制度的创新。

南平市生态银行实质是由南平市政府出资设立生态产业基金，针对山、水、林、田、湖等分散化的自然资源，在确权登记基础上，结合"所有权、资格权、使用权"和"所有权、使用权、经营权"三权分置改革，通过转让、租赁、托管等方式将资源的资格权、经营权和使用权集中化流转到生态银行，对分布式自然资源进行规模化收储、整合、修复、优化，结合发展现代农业、乡村旅游、健康养生、文化创意、生物技术等新产业新业态，引入市场化资金和专业运营商，由专业运营商负责专项集合资源的整体运营，形成规模化、专业化、产业化的运营机制，为农户增加资本性收入和经营收入，实现自然资源到自然资产的转换，自然资产与产业资本的对接，打造自然资源转化为资产最终转化为资本的可持续发展路径。

生态银行探索自然资源领域将所有权、使用权及收益权分治流转，在政府担保和外部资本的共同作用下，让自然资产经营权从分散到集中，使产权由异质转变为均质，促进自然资源要素市场化配置，进而实现产权的收益权。但在生态银行建设上，仍旧面临如何突破产权边界界定、资源资产核算、交易制度不健全等政策壁垒问题。为此，需要国家的顶层设计，破除影响"两山"转化的体制机制障碍和政策制度壁垒，推进产权制度改革，探索生态产品价值市场化实现形式，为践行"两山"理论探索可复制可推广的地方样本。

著者

2019年7月